『动物凶猛』的青春期，渴望拥有一双看到他们的眼睛、一颗懂得他们的心。在孩子的引领下，我们一同成长！

——文岚

# 青春期的孩子究竟在想啥

心理专家送给青春期孩子与家长的亲子必读书

马勇　陈琼◎著

江苏教育频道《成长》栏目组◎组编

辽宁人民出版社

**图书在版编目（CIP）数据**

青春期的孩子究竟在想啥：心理专家送给青春期孩子与家长的亲子必读书 / 马勇，陈琼著；江苏教育频道《成长》栏目组组编. —沈阳：辽宁人民出版社，2018.1（2021.2重印）

ISBN 978-7-205-09223-8

Ⅰ. ①青… Ⅱ. ①马… ②陈… ③江… Ⅲ. ①青春期—青少年心理学 Ⅳ. ①B844.2

中国版本图书馆CIP数据核字（2017）第324271号

---

出版发行：辽宁人民出版社

地址：沈阳市和平区十一纬路25号　邮编：110003

电话：024-23284321（邮　购）　024-23284324（发行部）

传真：024-23284191（发行部）　024-23284304（办公室）

http://www.lnpph.com.cn

印　　刷：辽宁鼎籍数码科技有限公司

幅面尺寸：160mm×230mm

印　　张：16

字　　数：215千字

出版时间：2018年1月第1版

印刷时间：2021年2月第3次印刷

责任编辑：刘铁丹

封面设计：丁末末

版式设计：琥珀视觉

责任校对：耿　珺　郑　佳

书　　号：ISBN 978-7-205-09223-8

---

定　　价：39.80元

## 目录

01

### ▶ 青春期的雨季

目录

02

## 目录

03

目录

04

目录

05

目录

06

目录

07

# 01 青春期的雨季

能够耐心倾听的人，是值得信赖的人。

因为强者善于倾听，弱者急于解释。

与其喋喋不休，不如侧耳倾听。

青春期的雨季

## 故事梗概

经历了奋力厮杀的中考之后，亮亮（化名）以全年级第九名的成绩如愿考入县重点高中。

第一次住校，新的床铺、新的环境、新的同学、新的班级……全新环境给亮亮带来短暂的新鲜感，但随之而来的便是巨大的、无所适从的陌生气息，裹挟着亮亮晕头转向，不知所措。

“我觉得每天都在煎熬！”亮亮说。

亮亮经常因为琐事与同学发生冲突，被同学冠以“二狗子”的绰号，并渐渐被同学们孤立。

亮亮心里非常反感这个绰号，每被喊一声，他就扎心地疼，但他人单力薄，不敢吭声。

“自以为是的一群家伙，你们不可能是我的朋友，高中交朋友没用的，迟早要散。”亮亮常常用这样的方式默默地安慰自己。

周末回到家，亮亮想跟父母好好说说关于绰号的事情，看看他们有什么好主意。

晚餐时间，亮亮刚提起同学们喊他“二狗子”的话头，就被爸爸轻飘飘地挡住了："哎呀，我还以为是什么大事呢，不就是起个绰号嘛！我上学的时候也常给别人起绰号，也被人起过绰号，没事儿，没事儿，坚强点儿，想开点儿。你想想啊，那《水浒传》里的一百零八将不个个都是有绰号的吗？"

妈妈赶紧往亮亮碗里夹了块红烧肉："儿子，我跟你说，高中可重要了，可别让那些乱七八糟的事儿把你脑子给搅乱了。人家要喊让人家喊去呀，别理他们。把心思都放在学习上，用成绩堵住他们的嘴。"

亮亮不再说话。

亮亮的学习成绩一路下滑，期中考试一塌糊涂，考了全班倒数第一。班主任多次找亮亮谈心，并让他把家长叫来。

亮亮苦苦哀求老师帮助隐瞒，并发誓到了期末考试的时候一定把成绩追上来，但班主任还是在电话里告知了妈妈。

回到家，妈妈的严厉指责让亮亮无地自容，烦恼无处倾诉更是让亮亮身心疲惫。

亮亮一直认为，这都是那个"二狗子"的绰号惹的祸。

专家心语

## 心理咨询师怎样"搞定"你的孩子？

/ 为什么亮亮郁积了大半年的负面情绪，在心理咨询师那儿能够得到一次性解决？是心理咨询技术很神奇，还是心理咨询师这个人很神奇？

/ 心理咨询师是怎样工作的？

/ 心理咨询师和父母有着怎样的大不同？

/ 是换个方法"搞定"孩子，还是换个思路"开发"孩子？

## 一、幸福家庭中的孩子为什么还会出现“问题”

在千万中国家庭中，亮亮的父母算是做得相当不错的父母。很多孩子出现问题，是由于父母没有给予足够的成长资源，而亮亮的父母给得相当充足。这些资源包括：

1. 遮风避雨的港湾。亮亮有一个宽敞、舒适、温馨的中产之家，虽不是极端富裕，却足够供应儿子的生活、教育所需。妈妈还有一手好厨艺，亮亮一放学，妈妈就端上热气腾腾的丰盛饭菜，可谓衣食无忧、温饱俱足。

2. 父母双全的陪伴。亮亮的父母生活在一起，没有离异，感情正常，共同陪伴着孩子。亲子教育咨询做多了之后会发现，孩子在青春期叛逆的重要原因之一，是父母在子女成长早期没有耐心对待孩子，不能较长时间、较高质量地陪伴孩子，总是以“孩子还小”“我很忙”为理由忽视孩子的心理需求。其实教育的法则很简单，孩子不是你生了就一定会听你的，而是高质量的陪伴多了，他才愿意听你的。在一个家庭中也是这样，陪伴孩子多的父亲或母亲一方，往往对孩子的影响力也更大。亮亮的爸爸和很多家庭中的爸爸一样，妈妈拖地的时候，他大大咧咧地看电视，我们的直观感受是，他也许把教育任务更多地交给了妈妈，但他愿意安心在家，一家三口一起其乐融融地吃晚饭，这在当前中国家庭当中，已经可以用“难能可贵”来形容了。

3. 平静安宁的环境。家庭环境对孩子的成长而言，“稳定压倒一切”。只有家庭、父母成为孩子心理上的“安全基地”，他才有勇气和力量去对纷乱、嘈杂、危险的外部世界进行探索。有些家庭，夫妻之间由于性格和观念的差异，时常发生争吵，使孩子的学习、生活不得安宁，而其中最易爆发冲突的又当数教育问题了，因为它涉及夫妻各自内心深处“我当年是怎么被教育的”“你身上什么让我最不喜欢”以及“孩子应该做一个什么样的人”等无意识层面的冲突，一次次触及对早年创伤的回顾和当下价值观的碰撞，夹七杂八，经年难和。难得的是，亮亮的父母之间很默契，尤其在和亮亮对话时，彼此观念都高度一致，不能不说，这也是孩子的一种不易觉察到的幸福。

4. 心理层面的关注。最让人赞叹的，是亮亮父母对孩子内心世界的关注。用心理咨询与治疗领域的话说，就是父母对亮亮有“心智化”的意识，将孩子当作一个有血有肉、有情感、会悲喜的“心理人”而非“物质人”看待。虽然也和绝大多数家长一样关心孩子的成绩，但简单问过两句之后，妈妈的话题迅速切入“住校感觉怎么样”“交了新朋友没有”，爸爸则说“最近发现你的话越来越少了”，妈妈更是直接追问“是不是有什么不开心的事儿呀”。“感觉”“朋友”“话”“不开心”，爸爸妈妈关注的，全部都是孩子的内心感受和人际交往，可以说，仅凭这种意识（哪怕只是发乎本能），亮亮的父母已经比很多将孩子当学习机器养的家长称职太多！

可是，既然已经做得这么好，为什么亮亮还是不可避免地出现了比较严重的情绪问题，并直接影响了学习呢？

我想，首先当然是因为亮亮遭遇了高中转学这样一个心理应激事件。不知道他以前有没有转过学，但他的一句话道出了更多的信息：“高中交朋友有什么用？到最后还不是断了！”这句话隐约已经是一种价值观的表达，应该说和早年的成长经历是有一定关系的，而父母没有意识到，认为高中学生是大孩子了，换个环境没什么，没有从一个人心理成长的连续性上来看待孩子。

这个角度过于专业了，有没有父母能够拿来就用的方法和策略呢？

有！

亮亮的爸妈虽然愿意走进孩子的内心世界，但缺乏心理咨询师的专业理念与技术，显得心有余而力不足。在跟孩子交流时，一切从经验与本能出发，一步步堵塞了亮亮的心，使得本可以帮助他走出来的最亲近的力量，却没有起到应有的作用。

亮亮的问题主要表现在以下几个方面：

/ 对新环境不适应，被同学排挤和边缘化；

/ 这种不适应引起的负面情绪无处宣泄；

/ 父母与他的沟通属于无效沟通甚至负效沟通。

那么，我们现在就来看看，父母可以从哪几个简单的方面借鉴一下心理咨询的理念和技术，从而更好地、更细腻地帮助自己的孩子处理好青春期心理危机。

## 二、谁是敌人？——心理咨询中的“联盟意识”

当父母在教育困境中感到无力、无助、无奈时，往往会将心理咨询师当作最后一根救命稻草，半信半疑、连哄带骗地拉孩子去做心理咨询，内心祈求咨询师能够出奇招、用妙招，最好是一劳永逸地“搞定”孩子。有的家长会提出“您一定要好好教育一下这个孩子，您说道理比我们家长说得透”，有的家长会提出“孩子死活不肯来，说心理没毛病，您就直接教我回去怎么对付他就行”。

但是——

这些要求的背后，都隐含着一个前提：孩子是父母需要联合咨询师共同“拿下”的“敌人”。

要想孩子有改变，我们大人应该第一时间改变这个观念。

面对父母的上述要求，心理咨询师一般会明确地表示：成功的心理咨询是合作而非对抗，前提是咨询师与来访者建立起了一种以信任为基础的“合作联盟”，孩子不是我们要“拿下”的“敌人”。孩子是最后取得胜利的主力军，我们只是挖掘他身上的潜力。

因为孩子不是敌人，我们需要和孩子建立联盟。

那么，孩子不是“敌人”，谁是“敌人”？

有的家长会很快明白：“这个我懂，孩子不是‘敌人’，我们和孩子一起面对真正的‘敌人’，就是他身上那些缺点和毛病。”

孩子的那些缺点和毛病，那些让父母烦恼和抓狂的部分，真的就是“敌人”吗？

你把它们当“敌人”，它们就是“敌人”！这叫问题取向。

问题取向的核心思想就是：“这孩子什么都好，就是有A、B、C……的毛病，如果这些毛病都改正了，这孩子就完美了！”

天下没有完美的人。就算孩子改掉了A、B、C……父母也许还会发现K、L、M……没完没了的毛病。发现问题、指出问题、不断地修正问题，成了孩子成长的主旋律。

传统的教育观点往往是问题取向，孩子们总是在改正缺点的道路上毫无希望地，甚至生无可恋地艰难前行，生命的光芒难以绽放，毛病越改越多，最后是一地鸡毛，全家烦躁。

## 三、还有“战友”？——心理咨询中的“资源取向”

换个角度看，假如孩子身上那些让父母烦恼的“缺点毛病”，不叫“敌人”，而被称作“朋友”“战友”，是个怎样的体验？答案是，多了一套工具，少了一颗钉子；多了一个“朋友”，少了一个“敌人”。此消彼长，双倍效益，这叫资源取向。

资源取向的核心思想是：“这孩子看上去似乎已经没救了，但他的那些毛病、缺点、问题当中，却蕴含了巨大的能量，这个能量完全可以用来‘拯救’他自己。”

心理咨询师的格言是“助人自助”，永远是帮助来访者把属于自己本来的能量挖掘出来，实现疗愈或成长，而不是用自己的能量去拔苗助长。

资源取向中的“资源”来自哪里？答案是：现成的，就是问题取向中的那些“问题”。

就这么简单吗？是的，就这么简单，换个视角看问题而已，一切都在父母内部操作，这也是心理咨询高明的地方，不打针不吃药，不做外部操作。

家长不禁要问，孩子不是“敌人”，家长也当然不是“敌人”，现在连缺点和毛病都不是“敌人”（甚至是战友）了，那么，谁是“敌人”呢？

被破坏的亲子关系是“敌人”，僵化的、刻板的、教条的、封闭的、纯经验反应式的亲子交流模式是“敌人”。改变了它，就改变了孩子。亮亮家中如是，无数家庭如是。

/ 如果我们硬把问题当资源看，硬把缺点当优点夸，就能解决孩子的问题了吗？

/ 孩子抽烟、喝酒、逃学……夸他这样做是对的，就能够解决问题了吗？

孩子抽烟、喝酒、逃学……是可以利用的资源吗？

所谓问题，要从本质上去看待。

问题的本质是什么？抽烟、喝酒、逃学……只是问题的外在表现，是“症状”。

真正的问题可能是孩子急于模仿成年人的行为模式和生活方式（当然，也可能有其他原因，重要的是发现），厌烦眼下的生活模式，这是一个问题，更是一股力量。换个角度看问题，就会发现，原本绝对“错误”的问题，实际上无所谓对错，甚至是好事。

孩子急着长大，急着像大人一样做事、说话，有错吗?

从深层看这个问题，孩子想要尽快变得像大人一样，不仅是一种资源，而且是极其强有力的资源。

如果父母愿意花时间陪伴，愿意耐心告诉孩子，真正的成人是怎样思考的、怎样看待问题的……换个角度操作，这样的解决方案是不是可以“搞定”孩子？当然，这一切都需要在亲子关系良好的前提下进行。

将问题作为资源看待，理论前提是，问题本身就是资源，而不是指鹿为马，生硬地把问题看作资源。

当然，假如您暂时不明白这个道理，“硬”将问题看作资源，也不是坏事，至少是一个视角的转变，是一个崭新的开始。

青春期绝大部分问题，都来自一种资源，就是生命力蓬勃成长的资源。

由于传统教育中的“听话”文化和应试教育的压力，使得家长一边包办代替，一边剥夺孩子实践和感受真实社会的种种机会，使得蓬勃的生命力在很多地方得不到伸展。孩子的很多问题，往往就是这种压抑、冲撞之后找到的出口，有时甚至是唯一出口。

换个思路，我们就拿个凳子，泡杯茶，在这个“问题出口”等着，把资源全部收走。

在亮亮的案例中，被人喊“二狗子”，当然是一件很伤自尊的事情，但是，这是不是也体现了男同学们对他的亲密？生命力的两大表现就是性欲和攻击欲，青春期的性欲不被允许释放，攻击欲的释放就成了唯一途径，男同学之间往往出现越是亲密越是会动动手、斗斗嘴的现象，打架、骂人都是要被处罚的，起个外号就几乎是文明校园中表达攻击欲的唯一方式了。这个道理亮亮不明白，但是爸爸明白，爸爸提到自己小时候、提到水浒一百零八将，都是告诉儿子，有个外号，是别人看得起你、把你当朋友的表现，不是坏事，甚至是好事，总比大家都把你当透明人要好！

但是，爸爸明明已经做了高明的“化问题为资源”的工作，为何效果不好呢？

原因在于：他没有先接纳，再转化。他第一时间否定了儿子对此事不开心的“权利”，语气中隐含着对儿子“小题大做，不够大度”的价值评判，所以儿子屏蔽了他的观点。

有的读者会说，爸爸批判他了吗？我怎么没有感觉到啊？

真正关键的地方到了，请父母们注意：价值评判，无处不在。不含价值评判的高质量倾听，极度匮乏。

/ 长久生活在不被倾听的沙漠中，遇到了一杯水，一次就解渴。

/ 来到咨询师面前的孩子，大多已经被指导过度而倾听匮乏，被建议过度却又遭到严重忽视。

## 四、心理咨询师是怎样工作的

亮亮到咨询师那儿聊了一次，问题便得到了解决。原理就一句话：症状看似复杂，病因却很简单，仅仅是自身的负面感受被否定了。这种现象可以被形容为“长久生活在不被倾听的沙漠中，遇到了一杯水，一次就解渴”，越是平时不被倾听、不被看见的孩子，越解渴。而这类孩子还往往外在问题表现得特别严重，处在濒临崩溃的边缘。只要重视其感受，接纳其情绪，确认其权利，即可介入引导，达到效果。

孩子有时需要的，只是父母无评价地接受他不好的感受，甚至连理解他的话都不必要说。孩子抱怨某件事情时，其实是在将内心不好的一部分“扔”（心理学称作投射）给父母，父母接住了，孩子就能很好地和剩下的那些好的部分在一起，找到力量感；父母不接，直接否定这份感受，等于反扔给孩子，比如亮亮爸爸说“这有什么好难过的”就造成孩子不好的部分重新回来，加倍难受，并失去继续沟通的信心。亮亮就是这种情况，他对绰号表现出的自卑和愤怒，就是一种弱小感的体现，这份弱小感，就是他本来想扔给父母，请他们接住的东西。

那么，有的家长也许会问，是不是肯定他这种感受，并帮他批评那些起绰号的同学更好呢？

答案是：肯定就够了，不需要帮腔。

因为肯定就是“接住了，收下了，不好的东西放在爸爸这里，你轻装上阵吧”，这是对孩子最有力的支持。

但是帮腔就等于不但接下了孩子投射过来的，还额外投射回去一样东西，这个东西还是弱小感，饱含价值评判，这个评价就是“爸爸不认为你被理解就能强大起来，你还需要我去帮你指责他们”，孩子未必需要，他真正的强大没有被你看到，他只需要成人式的支持，而你多给了他一份没断奶的感受，他同样会很失望，失去进一步交流的动力，弱小感继续保留在内心。

所以，耐住性子，不加评判、不褒不贬地倾听，也就是学会秉持高度的“价值中立”原则，是心理咨询技术的第一课，极易，也极难。

那么，心理咨询师是怎样工作的？

1. 他们不说父母说过的话——心理咨询师的“价值中立”

“你帮我好好教育教育这个孩子，他的问题主要集中在……”

“你到时可以这样跟他说……”

父母们带着孩子前来求助心理咨询师，说得较多的是这样两句。

这真是一个很奇怪的逻辑，亲生父母每天念叨的话都不能改变孩子，心理咨询师作为一个初次见面的外人，重复同样的内容能够有效果吗？

当然，有时孩子确实会给人一种错觉，就是爸妈以外的长辈来劝诫，还是有效的，于是爸妈频繁搬来同事、朋友、七大姑八大姨来劝孩子，但他们可能没有意识到，孩子其实很多时候是出于礼貌或是新鲜感，暂时在表面上接受了他们的劝诫，但很少能达成内心真正的态度转变。当这部分资源逐渐变得无效时，心理咨询师就开始成为父母心中的救命稻草。

每当遇见这样的家长，心理咨询师们坚持的原则是：

第一，必须见到孩子本人。因为距离较远、学习不便、孩子不配合等种种理由不能让咨询师见到孩子本人的，咨询师不仅不能提供有效帮助，甚至连一些规律性的建议也不方便给，因为给出的任何建议都可能会使家长有“如获至宝”、回去便急于使用的劲头，在完全不了解孩子具体心理状况的情况下，这样做是极端不负责任的，心理咨询不能隔山打牛。

第二，咨询师接受父母先行告知平时和孩子交流的基本情况，也接受父母“指点”自己应该如何和孩子说话，但其实最多是出于搜集信息的目的，咨询师们并不会真的去使用父母教授的语言和孩子对话。在见到真正的主角之前，心理咨询师的内心会力求保持一种“空白屏幕”状态，以保证在和孩子对话时，能够将基本情况清晰地、不失真地投影在这块“屏幕”上。

最理想的状态，是先和孩子交流，再和家长交流。

和孩子在一起，更多的是全面感受。

听父母聊孩子，更多的是搜集信息、验证假设。

心理咨询师的工作在很多时候，感受在前，分析在后。

2. 他们甚至不说话——心理咨询师的“容器功能”

前文所说，爸爸怎样“接住”亮亮扔来的“坏的部分”，既不反弹，又不扔新的东西回去，这体现的是一种“容器”的功能。

有人对一群心理咨询师开玩笑说：“你们的钱真好挣，就是陪人聊天，50分钟几百块。”对此调侃，不同的咨询师有不同的回答。

认真一点的会说：“你只看到我50分钟收几百元咨询费，没看到我为了这50分钟，十几年来砸进去多少培训、督导和个人体验费用，每收一次几百元，我的督导师和体验师合计收我几千元！”

幽默一点的会说：“聊天50分钟，收费几十；知道怎么聊，收费几百。”

而我会回答：“谁说心理咨询师靠说话挣钱了？大多数情况下，尤其是头两次，他们是靠不说话挣钱的。”

原理就在于，倾听比倾诉更重要，看见比指导更重要，容器比喇叭更重要。

来到咨询师面前的孩子，大多是已经被指导过度而倾听匮乏，被建议过度却又遭到严重忽视的孩子。

先认真地倾听才是重要的、非常重要的、最重要的！重要的话说三遍！

尤其是前两次，咨询师少说话，甚至不说话才对得起收费，说多了反而对不起家长、对不起孩子。

3. 他们会怎样“听话、不说话”？——心理咨询师的“深度共情”

倾听，不代表呆萌无脑地看着对方。

不说话，也不代表一会儿看手机，一会儿看手表地走神。

咨询师能够给予孩子的倾听，是容器式的：面对你“吐槽”给我的东西，你清楚地看到我在接纳、在收下，你清楚地知道我不会反弹、不会评判。

用两个词来形容这种状态，就是：高关注、无评价。

倾听的“倾”，代表着一种高度关注。这种关注的程度、对倾诉者的重视程度，“高”到了这样一幅画面：

听着听着，原本垂直的上身有了一个向倾诉者方向的倾斜。目不斜视、平静、温和地看着对方，仿佛全程告诉对方：“我对你说的东西感兴趣！！”这一点极其重要。

很多时候，孩子受到的伤害不是家长不肯听，而是“假装听”，他们对孩子说的话不以为意、不感兴趣。

孩子在学校的小打小闹、人际纷争，又怎么能和成人在商战中、在官场上的激烈竞争相提并论呢？所以有的父母假装对孩子的事情感兴趣，有的父母连装都懒得装。亮亮的父母是真心对孩子的内心感兴趣的，但不也是一听到“起绰号”这种话题，立即本能地判断为“不值一提的小事”吗？

就是这种本能判断，立即阻断了孩子的内心！

延伸来看，亮亮为何在妈妈第一次询问的时候，就没有兴趣提自己的烦恼？

我想，最大的原因在于，也许以前很多次的内心袒露，都被爸妈觉得“不值一提”而忽略了，孩子不再相信爸妈真的对他的内心世界“感兴趣”！你想要知道我最大的烦恼，我已经告诉了你，你却直接否定了它对我而言的重要性，那我跟你们还有什么话好说呢？

合格的心理咨询师在面对来访者的时候，无论对方说的事情多么枯燥乏味，都依然会提供高质量的倾听，因为他们知道，这是建立信任关系的不二法门！

我对你说的这么小的、这么无聊的、这么枯燥的事情都感兴趣，你当然会觉得我是可以托付的，你会慢慢开始考虑将内心最大的秘密托付于我！很多来访者有意无意地将第一次陈述弄得特别乏味无聊，其实正是潜意识中的一种试探，试探你是不是他值得信任和托付的人。

很多时候，孩子对父母也会有这种无意识的试探，他回到家提起的第一件事情，未必是最想说的事情，假如父母对此的反应没有做到价值中立，而是价值评判感很重，哪怕是表扬和鼓励，也会使孩子感到失望，从而将真正要说的问题缩回去，人心就是这么微妙。比如，孩子说：“老爸，今天我们班发生了一件很搞笑的事情，小刚居然给班花小红一张票，约她周末去看电影。”爸爸本能地说：“这个年纪的男女生怎么能单独去看电影？还好你不像小刚，你还是把学习放在首位。”爸爸受孩子的语气诱导，回话中不假思索地充满了价值评判，其实没有想到，孩子说“搞笑”，其实自己未必觉得“搞笑”，而只是一种试探，想看看爸爸对青春期男女生的感情怎么看，因为他遇到了喜欢的女孩，有点慌，想听听爸爸的意见而已。但是包含价值评判的话语，使孩子预先感知到了谈话的可能结果，也就不会自讨没趣了，而父亲毫无察觉。

父母如果真心想解决孩子的问题，促进孩子的成长，缓和亲子的关系，就要从对孩子的小话题“感兴趣”入手。他是你的孩子，你都不感兴趣，还能指望谁会对他感兴趣？

有些孩子被混迹社会的团伙成员拉拢，根本的原因就是，父母对孩子的苦恼和需求不感兴趣，或者虽然在听但“假装听”，而团伙成员作为同龄人会感兴趣，孩子被他们“看到”和“听到”。

可以想象，哪怕仅仅是一个陌生人，在你无处倾诉时，温和而关切地听你讲自己的烦恼和伤痛，听得津津有味，理解你最微小的悲喜，你会产生一种什么样的感觉？舒畅、感动，甚至会在心里默默发誓：这个人假如有求于你，定要尽全力报答，因为“士为知己者死”！假如他有求于你的事情，是要你和他建立良好的关系，并让你自己变得更好，完全无损于你的利益，你当然更是一百个愿意去做！绝大多数孩子的思维比成人简单，也更容易被感动，他们会默默按照心理咨询师的话去做，也会表现得跟咨询师很亲。很多头疼的家长会惊讶地发现：为什么我那么桀骜不驯的孩子，第一次见到咨询师就那么听话？答案就在这里。

4. 50分钟不长，但只给你一人

心理咨询师接受过专业训练，可以保持在50分钟内的高度关注。除了认真听，还能给予孩子这样一种感觉：无论我与你是什么关系，无论我自己是否很忙，无论我自己是否有烦恼，我这50分钟是你的，是你一个人的。在这50分钟内，我只对你一个人感兴趣，只对你向我描述的事情感兴趣。我把生命中这50分钟的一段截取下来，专属于你，你在我心中无比重要。

这个世界上，只要有一个人觉得我重要，我就有力量活下去；只要有一个人真正理解我，我就不会被烦恼打垮。

这就是为什么，心理咨询师作为陌生人，也能帮助无数人。

50分钟不长，但也是我宝贵生命的一部分，我只给你一个人，绝无任何打扰。心理咨询打开人心的第一真谛，就在这里。

安静的50分钟，咨询师心无旁骛地关注着孩子。不看手表、不看手机、不接电话、不走神、不打断、不指导、不插话，倾听孩子的琐碎、无聊、可笑、幼稚……眼神不离不弃。

这样的50分钟，身为父母，你给过孩子吗？或者标准放宽一点，给过自己的配偶吗？给过任何一段关系吗？

试试吧！

很多时候，我们要么是在沉默中走神，要么是在语言中辩论。假如尝试一下就会知道，要完成这个看似小小的“高度关注、无评价倾听50分钟”的任务，真的有点难。慢慢习惯了之后又会发现，我们变得更通透，更懂别人心里想什么、要什么。掌握了这个方法，我们有时会提前知道对方要说什么，并且不是来自于狭隘、僵硬的猜测，而是宽广、流动的体察。

哪怕内心的关注一时尚未调动起来，这种前倾的肢体语言，也可以帮助父母调动“我对他说的话感兴趣”的内心情绪，还能使孩子先出现一个良好的表情反馈，这种反馈也能激励家长更好地做下去，形成一种良性互动的亲子关系。倾听严重不足的家庭，哪怕是一个刻意做出的姿态，也能感动孩子，因为那至少是沙漠中的半杯水，孩子不挑。

## 五、最好的教育，是共同成长

青春期孩子的生命力最为旺盛，成长的生命力人皆有之。孩子有，成人也有。

很多父母可能暂时找不到自身潜在的成长生命力，但一提到孩子，只要专业观点被接纳、被接受、被听懂，于是整个人的生命力仿佛被重新点燃。在孩子青春期的诱发中，父母进入了“第二青春期”。他们开始从头学习如何倾听孩子，如何与孩子交流，如何陪伴孩子，慢慢地发现，原本为了学习一招两式来对付孩子的想法是如此的浅薄，而和孩子一起成长的快乐是如此美妙、醇厚，让人上瘾！

孩子对于每一个中国家庭而言都太重要了，所以很多时候，只有孩子的问题才能倒逼父母的成长，这种成长一旦实现，便是全方位的，成人自己也能够从内心情绪、人际关系、意志信心等多个方面感受到成长的力量。从这个意义上说，“儿童是成人的父母”这句话确实很有道理。

制片人手记

## 倾听，就是聊天

### 【01】太多的“为什么”

《青春期的雨季》来自一个真实的个案。

个案中的真实人物没有出现，他们只愿意接受电话采访，原原本本地提供故事供栏目组改编。

讨论选题时，编导担心节目会单薄，毕竟没有一个讲述故事的主体，就好比一句话没有主语。这种情况是我们做《成长》以来第一次遇到的。

我的脑子里快速翻过各种画面：一个场景下，坐着两个人，就着一个故事，干聊着N个观点。

如果这两人是当下网红，或者是话题风暴中心人物，那好办，说说自己的金句，再聊聊别人的话题，拉呱儿拉呱儿，时间也好打发。问题就是，《成长》是面向青少年普及心理健康知识的教育栏目，除了正直而有效地传播干货，其他的娱乐空间不是很大。

我问编导，能不能找出几个点，拍成“情景再现”？这样主持人和专家就有话题的“靶标”了。

“拍哪几个场景呢？用一句话总结这个故事，就是：因为被同学起绰号而闷闷不乐，从而影响了成绩。”

“就怎么简单？”

“就这么简单。而且，据说，最终妈妈带着儿子去找过心理咨询师，只去过一次，儿子就转变了。”

太神了吧？是心理咨询师本人神奇，还是心理咨询这件事很神奇？

据编导转述妈妈的介绍，儿子见到的心理咨询师是当地“未成年人成长指导中心”的心理辅导志愿者，两人畅聊了一个小时。出了咨询室大门，儿子面带笑容，一脸轻松，跟妈妈说的第一句话就是：不错，感觉很舒服。

妈妈当场就蒙圈，咋回事儿啊？真这么神奇？

妈妈向心理咨询老师讨教神奇的方法，老师说：“今天的交流基本都是你儿子一个人在说，我就是听，没说什么。你儿子内心想说的太多了，你回去以后，多让儿子说话，你听着就是了，最难做到的就是不带任何情绪去听，试试吧。”

听编导说到这儿，我隐约感觉，这孩子问题的重点不是在被人起绰号上。没那么简单！

亮亮对“二狗子”这个绰号表现出强烈的反应，应该只是表象，是呈现出来的“症状”而已。如果就事论事，讨论这个绰号的来龙去脉，以及如何以正确的态度对待逃避不掉的绰号，势必使得节目更显单薄。

“那么，取哪几个场景呢？反映哪些点呢？不是绰号问题，那是什么问题呢？”

问题多了去了，哪哪儿都是问题，真没那么简单。

听妈妈的主述说，亮亮这孩子小时候人见人爱，谁看了都想摸一把小脸蛋。成绩优异，活泼开朗，集中了“别人家的孩子”所有典型特征。

那么，为什么亮亮考上高中，急于选择住校呢？

为什么进了高中，混到没有朋友了呢？

被人取了个绰号，亮亮第一时间告诉了谁？

如果告诉了父母，为什么还是一直闷闷不乐？

如果没有告诉父母，为什么没有告诉？

如果没有告诉父母，第一时间告诉了谁？

假设告诉了最好的哥们儿，为什么还是一直闷闷不乐？

他有哥们儿吗？

如果他谁也没告诉，一直憋闷在心里，他为什么要这样做？

仅仅是性格造成的吗？

仅仅是不合群造成的吗？

看起来亮亮不爱和人交流，看起来性格大变……

但是——

为什么和心理咨询师聊了一次便展露笑容，说“舒服多了”呢？

以上种种，我猜测，一定有什么压抑了亮亮表达的欲望，削弱了亮亮表达的能力，久而久之，他活在了自己的世界里，用仅有的16年的人生经验，安抚着无处安放的心灵。

亮亮的故事让我想起了五六年前的一件事儿。

## 【02】能做的只有“安静”

五六年前，我接到一通热线电话，是一位妈妈打来的，她用有气无力的声音告诉我上初中的儿子如何叛逆、母子俩如何水火不容，以及她被儿子搞得如何精疲力竭，想卧轨的心重复了不止N遍……很好的选题啊。

我带着摄像师直奔而去……

在宾馆房间里见到了这位妈妈，很精干，一看就是领导。

我们聊了一宿，她是有多久没说话了！她几乎把她的前世今生都告诉了我，大悲大喜，跌宕起伏。可是，说起儿子，似乎在说一个陌生人，除了一些情绪的记忆，再也说不出什么实质性的内容。这也是妈妈打来电话求助的原因：希望通过采访或者上节目，帮着了解一下儿子的近况。

身上掉下来的一块肉，养着养着，就养成了水火不容的陌路人，真是悲哀!

很快，我用QQ和孩子联系上了，我和孩子在线聊得很欢，很快就约在他就读的中学操场见面，让我看他打篮球。

我全身心地专注着看一个大男生打篮球，正好感受一下坐在操场边看男生打球是怎样的浪漫，正好弥补一下我那个年代的缺失。整个过程，我们没说话，但我知道，我的目不转睛、我的“满血”欣赏、我的自始至终很让孩子受用。

看着他轻快的身影，怎么也无法和妈妈口中那个“魔鬼少年”等同起来。

再一次的见面就是在宾馆房间里了。我问他：是不是可以架着机器采访？是不是可以问一些你妈妈想知道的话题？是不是可以……男孩一水儿的爽快，什么都答应，什么都说，任我们的灯光打得通亮，任黑洞洞的摄像机对着他，他几乎有问必答，末了再来个“买一赠一”，打开桌上的电脑，翻出他的空间，让我们欣赏他的小女友，跟我们讲他的初恋故事……

在我眼里，这个少年，以及正在发生的故事，正如他的花季年龄一般，蓬勃着、怒放着……

征得孩子的同意，我们把采访的情况，转告给了妈妈，妈妈嚎啕大哭。如果换作我，我也会这般撕心裂肺。自老公去世后，一手带大的儿子，情愿把所有的故事讲给一个陌生人听，把所有的情感交付给一个年龄更小的女生，这让亲妈情何以堪！

选题是个好选题，但最终由于种种原因还是放弃了。

之后，妈妈一直跟我有电话来往。还是那样，有的没的都跟我说，直到最后一通电话告诉我说她有了新男友，儿子也接受。之后，便再也没见。愿一切安好！

各位看官也别纳闷：凭什么你和人家素不相识，老的小的都愿意把事儿告诉你？吹吧。

真不是吹，我也不纳闷儿，只是郁闷，没有动用记者的刨根问底术，也没有动用心理师的三推六问术，一个来回都没有！没有交手的快感，能做到的只有安静地聆听妈妈内心的狂风暴雨，安静地欣赏儿子的青春狂欢。

## 【03】会听，是一种能力

倾听，意味着情感的分享，意味着需要放弃自己的立场，完全进入对方的世界。心里若存了太多“自我”的私念，往往忍不住打断对方……这么说来，倾听，真不是一件容易的事情，比说要困难得多。

听，是一个向内收纳的过程；说，是一个往外出的过程。

都说女人太焦虑，亲妈爱唠叨，其实当妈这件事儿比倾听这件事儿要容易得多啊。

因为在唠叨的过程中，焦虑就已经转移到了孩子那里，自己唠叨完感觉轻松些。但是，孩子则成了亲妈的容器，他不得不把这些蜂拥而至的密集焦虑接过来、存起来，帮亲妈承载她自己无法代谢的种种情绪。这对于一个弱小的孩子来讲，是一个非常艰巨且残忍的任务。

但是基于在家庭中，父母拥有更高的话语权，而孩子自己的独立自我也尚未完全建立，所以，他只能成为那个被动的接收者。当他所接收到的这些情绪垃圾无法代谢时，他可能就会出现各种躯体症状或是行为问题，因为只有这样，他的情绪垃圾才能找到一个出口。这就是在一个家庭中，当孩子出现某些问题时，需要调整的是整个家庭，因为孩子很可能是在为家庭生病。

## 【04】倾听，就是在说话

倾听，就是在说话。

同样的道理，回忆我们自个儿十五六岁的时候，跟谁说的话最多？有些话，情愿跟树洞说、跟阿猫阿狗说、跟“狐朋狗友”说，都不愿意跟亲爹亲妈说，为啥啊？

《大话西游》里面的唐僧让人神烦，公认的原因是太话痨。

他的经典台词：“你想要啊？你想要的话你就说嘛，你不说我怎么知道你想要呢。你想要的话我会给你的，你想要我怎么可能不给你呢？不可能你想要我不给你，你不想要我却偏给你……”

而往往孩子们碰到的“唐僧”恰恰就是亲爹亲妈，孩子们头顶着强烈的道德意识这个“紧箍咒”，打不还手骂不还口，憋出内伤，末了自己偷偷找个发泄口……

废话如果有重量，道理如果有重量，孩子可能早被压死了。

宁愿不说话也不要净说废话，是一种聊天素质。

最妙的聊天，能通过说话来交心。聊天就像打网球，如果你打得过去，他正好也能接上，并回你一个好球，这样才能好玩有趣。如果get不到对方的点，千言万语都不合，还拿什么维系关系？这种场景，往往可以在热恋中、在宴席上、在剧情里、在朋友圈里，独独不在家里。

随着孩子年龄的增长，一定要想方设法让孩子成为家里说话最多的那个人！让孩子成为家里说话最多的那个人！让孩子成为家里说话最多的那个人！重要的事情说三遍。其实，这句话说起来容易做起来很难，你试试？

在豆瓣里看到："你和一个人聊天，什么都对劲：不紧张，不揣摩，不勾引，又不较劲，不字斟句酌，不假惺惺，不文艺腔，不紧不慢，不没话找话，不拐弯抹角，不挑衅，不冒犯，不敷衍，不长不短。这才叫聊天。"

照这种标准，聊天这件事真的太难了，根本开不了口啊。

其实，关键的不是看你说什么，而是你给出什么样的情绪。再温柔的词藻如果夹带的是焦躁的情绪的话，孩子总是可以准确地感受到你虚伪的言语下那真实的情绪。

提高生活质量的方法就是：你生命中最重要的人，都能跟你谈笑风生。

周国平说：我唯愿保持住一份生命的本色，一份能够安静聆听别的生命也使别的生命愿意安静聆听的纯真，此中的快乐远非浮华功名可比。

能够耐心倾听的人，是值得信赖的人。

因为强者善于倾听，弱者急于解释。

与其喋喋不休，不如侧耳倾听。

# 02 求求你 表扬我

青春期孩子的未来无法限定，能走多远，就看自我价值有多强，当自我价值感复苏之后，孩子自然会做与自我认知相匹配的事情。陪伴人一生砥砺前行的，是“生志铭”上镌刻的自我价值感。

求求你表扬我

## 故事梗概

鹏鹏（化名）14岁，上初二。

他从小被父母送到农村爷爷奶奶家，直到上小学的时候才从农村进城。

回到爸妈身边一晃8年了，他还是没有习惯城里天天写作业的生活，特别盼着假期到来，这样就可以回到农村爷爷奶奶家。他说，在农村那种自由的感觉，说了也没人懂。

鹏鹏有个姐姐，大他7岁，姐姐的成绩向来都是数一数二地好，在家就是女神的待遇。姐姐已经去外地上大学，但经常会在妈妈嘴里出现："你姐姐从来就不让我操心，你怎么会这样啊""你看你，错这么多，你怎么一点都不像你姐姐呢""以前你姐姐那个班上的家长总是打电话过来问我你女儿怎么样怎么样，我都很自豪，现在真的我都很难为情的"……

在鹏鹏眼里，妈妈什么都好，就是特别喜欢把姐姐挂在嘴边，动不动就拿出来作比较，鹏鹏越来越不愿意和妈妈说话了，说来说去怎么都不如姐姐。

鹏鹏心想，别人家的孩子，至少那孩子是别人家的，眼不见为净，现在可好，妈妈嘴里的那个“别人家的孩子”，居然是自己的亲姐姐。鹏鹏心里也明白，妈妈是希望自己能像姐姐那样，“成为别人家的孩子”。

至于爸爸，一个月也讲不了几句话，在鹏鹏眼里，爸爸似乎可有可无。

鹏鹏越来越郁闷，在家里的话越来越少。有一天他和姑妈聊天，透露出“活着真没意思”的念头，把一家人都吓了一跳。姑妈转述给妈妈听，妈妈顿时潸然泪下，焦虑中找到了班主任，班主任立即介绍他们去了当地的“未成年人成长指导中心”，接受心理咨询辅导。

当然，故事的结局是圆满的……

妈妈坚持每周去中心听一堂专家讲座，渐渐调整好了心态。

## 你将为孩子的“生志铭”镌刻下什么？

问：我的孩子还小，我的工作又特别忙，你说我该怎样解决这个矛盾？

我：你的孩子多大？

答：一岁半。

我：你能在孩子每晚睡觉之前赶到他（她）身边吗？

答：（沉吟半晌）不能，有时要加班。还有，我经常出差，孩子交给他爸爸和爷爷奶奶带，我不放心。

我：那么，跟你的老板好好谈一谈，这两三年你要养育孩子，希望老板不要给你安排加班和出差的工作，除非可以带着孩子一起。

答：这可能吗？老板可不是那么好商量的！

我：那么，就跟你的老公好好谈一谈，他应该比老板好说话，让他养你3年，你在家替他安心带孩子，同时也兼顾自己的个人成长，3年后重新就业。

答：这……脑洞开得有点大，我没想过做这么大的牺牲。

在这位年轻的妈妈心里，这个牺牲有多大？多大的牺牲才叫“牺牲”？

## 一、我们来算一笔账

树欲静而风不止，亲欲养而子不待。

是的，你没有看错，我也没有笔误，稍稍改动了几个字，这正是我想表达的。

“树欲静而风不止，子欲养而亲不待”这句话的原意是指，当我们和双亲还能够在一起的时候，还能够尽我们的所能去尽孝心的时候，一定要做到，不要等到失去了亲人以后再去叹息。珍惜身边的亲人，珍惜身边的每一个机会，活在当下。

从发现父母开始佝偻的那天开始，到他们百年之后，这期间也许还有20年甚至30年一起相处的时光。

但是，有多少人会意识到，孩子留给我们的陪伴时间，其实更少！

0—6岁，孩子在心理上完全接纳父母、渴望融合。

6—10岁，随着与外部世界的长期相互作用，孩子逐渐克服自我中心，开始学会站在别人的角度看待问题。孩子对父母的信息一般比较接受，在这段时间内，爸爸妈妈更容易影响孩子。每天，总有那么一个时刻，是你和孩子两人都觉得愉悦和有趣的，这就是亲子关系融洽的象征。

10岁，青春期前奇妙的缓冲。

假如，我们把10岁当作一个起点，那么在接下来的几年中，孩子可能会越来越喜欢跟同伴在一起，并且慢慢开始喜欢和同龄的异性交流；而面对父母，则可能会有越来越多的秘密藏着掖着。这是孩子首先从心理上开始脱离父母、独立成长的表现。

18岁，孩子高三结束，远离父母，远离家庭，或者去异地求学，或者开始踏入社会，父母会在一瞬间感到突然不适应，感到孩子突然就“抛下”了自己，说走就走。

算一算这个时间，在亲子关系较好的前提下，从10岁到18岁，和孩子相处的时间最多也就再加上8年。假如孩子是在不被理解、不被接纳的环境下长大，心门则会关闭得更早。

“父母在等你”和“孩儿几时归”，这二者最大的区别在于：

任何时候浪子回头，父母都会满心欢喜地伸开双臂拥抱迎接，没有一丝一毫的抗拒，他们希望在生命的最后一程中与最爱的人融合。

而孩子则不一样。

假如曾经一度忙于工作、忙于应酬、忙于其他事务的你，常常忽略陪伴孩子，突然有一天幡然醒悟，回到家里希望陪陪孩子，你会发现孩子不会像年迈的父母那样欢天喜地地接纳你的回归，甚至对你过度亲热的举动十分不习惯，因为孩子可能已经习惯自己处理自己的孤独，习惯了从朋友那里获得安慰，或者仅仅就是一股“自立为王”的力量在排斥你的亲近。

青春期本身就有一股自然的力量在抗拒父母的侵入，这股力量是形成独立人格、促进成长所必需的。

何时才能等到与孩子重新恢复亲近？答案是：慢慢等吧！等他度过漫长的青年期、中年期；等他的雄心壮志全部实现或者磨灭的时候；等他的独立人格已经得到自己和世界的确认，不再需要通过抵抗父母来加以证明的时候；等他管理自己的内部王国已经非常疲惫，渴望别人进来“分权”的时候；等他看到你们——父母的背开始佝偻的时候……此时那个已出走半生的少年，也许会回到你的身边。

我们再回到文章前面思考那位妈妈的疑问：让我专心陪伴孩子算不算

牺牲了自我？

这么说吧，孩子3岁前，是亲子依恋关键期，妈妈应尽可能陪伴；但有些妈妈出于自身年龄或工作原因，不重视这个时期，而在孩子进入青春期、开始脱离父母的时候紧抓着孩子不放，孩子有了心理问题后又恨不得辞职回家陪孩子，何其得不偿失！所以，请在正确的时间陪伴孩子。那么，为什么陪伴如此重要？

/ 我是值得被别人爱的。

/ 我做什么都能成功。

/ 这个世界欢迎我。

/ 我值得别人爱吗？

/ 别人爱我，有什么理由？

## 二、“生志铭”上的自我价值

墓志铭一般由志和铭两部分组成。志多用散文撰写，叙述逝者的姓名、籍贯、生平事略；铭则用韵文概括全篇，主要是对逝者一生的评价。可以是自己生前写的，也可以是别人写的。

但有多少人知道，每个人在出生的时候，会有一份“生志铭”相随，而且在0—6岁期间，便被开始深深镌刻。

墓志铭是有形的，在墓碑上；“生志铭”是无形的，在潜意识中。

墓志铭是写给别人看的，“生志铭”只有自己能看到，以及有深度共情能力的人，比如专业的心理咨询师、心理治疗师也能看到，甚至帮着改写，那是后话了。

墓志铭可以由别人书写和镌刻，“生志铭”只由亲生父母（或是童年误认为的亲生父母）镌刻上去。

在每个孩子的潜意识深处，都有一块世界上最坚硬的花岗岩石碑。这是一块神奇的石碑，只能由父母镌刻，只能在童年镌刻，一旦刻写成功，较难改写。镌刻极深的文字，需要成年后通过无数痛苦的醒悟、成长甚至专业的心理治疗才能改写，其效果，也会略逊于童年的第一次刻写。

孩子在能够区分父母与他人之后，第一时间会选择与父母亲近，同时也会在第一时间在乎父母对自己的看法，父母是保护膜，是过滤网。

假如有人指责孩子做错了，父母却能带着由衷的欣赏与喜悦看着孩子，从另一个角度帮孩子分析哪儿做得好，孩子会觉得自己是有能力、有价值的。

假如有人说孩子长得丑、有缺陷，父母却能用充满真诚的眼神赏识地看着孩子说：“孩子你很漂亮，你的模样是爸爸妈妈最喜欢的。”孩子会觉得自己是受欢迎的、有价值的。

当幼小的孩子在评价事物的客观标准尚未完全建立时，最值得他信任的亲人都说“我”好、说“我”漂亮、说“我”做得对，那么无论其他人再说什么，“我”都不在乎。这是婴幼儿特有的心理。

但传统教育让大家学会的是：外人出于礼貌夸奖孩子，父母出于谦逊贬低孩子。更有甚者，不是出于谦逊，而直接就是自己心里反感和不喜欢孩子某个缺点（比如成绩不好、没有才艺、长得难看等）的流露。同样是父母的保护膜和过滤网效应，别人说孩子一千句好，孩子也听不到。而父母由于各种目的发出的贬低声音，孩子反而全盘接受。

还是那句话，当孩子评判事物的客观标准尚未建立时，父母说什么就是什么，孩子表面上反抗、不接纳，但实际上心里已经深深地内化了父母的评价。这些评价，经过内心深处的沉淀、提炼、萃取，最后总结为一些相对比较精炼的话，如“我是值得被别人爱的”“我做什么都能成功”“这个世界欢迎我”“我会对这个世界有贡献”“我一定要对世界做贡献”……或者是“我不值得别人爱”“我值得别人爱吗”“别人爱我，有什么理由”

“我做不好事情”“我一无是处”“人生没意思”“世界是可怕的”……

以上这些，其实就回答了一个问题：“我对这个世界而言，有价值吗?”

所以，最精炼的“生志铭”只有一句话：“我是有价值（或高价值）的”，或者“我是无价值（或低价值）的”。这句话，被称为“自我价值感”。

当人生的铭文提炼到如此精粹的程度，无论是好是坏，都已极难改变。青春期的孩子，可能提炼尚在进行中，父母对他们施加改变还来得及。

一个人从小获得了父母馈赠的高自我价值感，内心是从容、富足、强大的，不会因一利之诱而背信弃义、贪污腐败，也不会因一时之赞而得意忘形、为名所累，更不会因一言之激而冲冠暴怒、毁于一旦，因为他的自我价值感在童年时期便已富足稳定，无须成年后再以他人的赞许、物质的包围、名利的堆砌来提升，所以能够轻装上阵，应付自如。

相反，假如从小没有获得较高的自我价值感，成年后，可能会在各个方面去填补这种不满足，除了名利和物质外，还会直接体现在亲密关系方面。比如，很多时候我们会看到，一些“白天鹅”的内心其实住着“丑小鸭”，明明是各方面条件很好的女孩子，却始终不能得到高质量的恋爱和婚姻，感情始终处在各种波动当中，原因就在于她的“生志铭”上镌刻着一个否定句，抑或是一个疑问句。此话怎讲?

假如是否定句，也许会低就婚姻，委屈自己；假如是疑问句，则说明自我价值的检验与确认工作一直没有完成，接下来可能一生都在寻找答案，怀疑、试探、挑衅、无数次闹分手……这种种的检验手段，也是自我价值感不明确的表现。当一个姑娘始终处在一种怀疑自己是否值得被爱的心境中，在恋人或其他人眼中，她就会显得那么不懂珍惜，很“作”。

正常情况下，墓志铭全是赞美与颂扬，而“生志铭”褒贬不一。目前来看，大多数人内心的“生志铭”，都是负面的。原因在哪里呢？

1. 当前亲子教育中，普遍缺少“无条件的爱”

有家长纳闷儿：为什么参加了很多亲子教育、智慧父母的培训班后回到家，对儿子说：“妈妈以前做得不好，从现在开始，要做一个合格的妈妈。”孩子反而会显得很不买账、很不耐烦？

道理很简单。孩子“寄居”在父母的屋檐下，他的敏锐程度是父母所不及的，在与父母长久的“斗争”中，发展出了自己的一套观察系统，他能够清楚地看出，父母这次是真诚地改变了，还是换个新招来折腾他。

真诚与否，不是改变手段与做法，而是改变观念，真正由内而外地发生改变。这种改变最根本标志就是：对孩子的包容与赞许，是否发自真心。

区别在于，包容、赞美、赏识背后，是想要短期交换孩子的改变和回报，还是不计回报地想要给孩子快乐？

当父母发自内心地看到孩子本来的好，爱的不是成绩、容貌、智商、礼节等这些局部、外在的东西，这样的爱才是真正“无条件的爱”，才能抵达孩子的无意识深处，这样的父母才有能力在孩子的“生志铭”上镌刻或改写正面评价的文字，才有能力给予他深深的、富足的自我价值感。

2. 在应试教育压力下，父母大多没有“活在当下”

孩子来到这个世上，对世界、对身边人有一种火热的渴望，渴望被看到、渴望被听见、渴望被肯定、渴望被赏识、渴望建立亲密的链接，他们的需求都是当下的：抱抱我、亲吻我、看着我、陪我玩。而父母的需求远非“活在当下”，比如“我不能陪你玩，我还有工作要做，不然怎么养你”“你要懂事，在爷爷奶奶家要听话，妈妈这两天要出差”……

陪伴，是自我价值感的最大来源。因为，孩子能够接收到来自父母内心深处的一个声音：“你是我心中最大的价值，我愿意拿出生命中的一部分时间无条件陪伴你，因为你也是我生命中的一部分。”

## 三、看清表象和内核

鹏鹏是一个普通的男孩子，成绩一般、贪玩、向往“自由”的生活、不喜欢被约束，鹏鹏可能是中国最普通家庭中最普通男孩子的代表了。

鹏鹏的遭遇，也和中国家庭的千千万万男孩差不多。

父母由于工作繁忙等原因，将孩子寄养在祖父母身边；父母由于孩子成绩不好，有意无意地利用别人家的孩子刺激自家孩子，希望他奋发图强；家中恰巧有个学霸姐姐，父母便自然而然地要求弟弟向姐姐看齐……

但是，鹏鹏为什么最后发展到要“乘坐‘天堂号’到另一个世界去”呢？

因为鹏鹏遇到了严重的“并发症”。各种因素层层叠加，相互缠绕，分工协作又分头消耗，甚至摧毁着一个孩子要好好学习、好好成长的重要内在资源。

引发“并发症”的因素包括：

1. 童年时期不在父母身边。0—3岁是母婴依恋的重要时期，0—6岁是孩子的自我价值感形成的关键时期，此时和父母分离，使孩子在内心深处受到比较强烈的价值伤害，自我价值感较低。虽然爷爷奶奶给予了无条件的爱，不以成绩论英雄，给了一个比较自由的学习环境，但是祖辈或是收养者再多的爱，也无法回答孩子心底的一个问题：“爸妈为什么不要我？”成人世界理性的答案，是无法回答这个潜意识问题的。

2. 从放养到圈养模式的不适应。回到妈妈身边之后，虽然鹏鹏的内心得到一种被拖延了很久的修补，但爷爷奶奶作为替代性抚养者给予的那份无条件的爱，不但被彻底拿走了，而且走向了一个极端的反面，就是“唯条件的爱”，这个条件就是成绩！“你成绩好，你让我骄傲，我才爱你。”这对一个从小不在妈妈身边长大的孩子而言，更加看不到自己的存在价值。

3. 学习成绩差，经常被妈妈拿来跟别人比较。短片中，妈妈给朋友打电话，说“多亏我们的孩子不在一个班，还好，不然的话，我都不好意思了”。我们理解妈妈想刺激鹏鹏好好学习的这种策略。但是，用刺激尊严的方法促使孩子改变，可能是对“饮鸩止渴”这个词最好的注解，因为这是以削减孩子的自我价值感为代价的。从另一个角度说，孩子不是不想改变，而是学习成绩积重难返，客观上一时半会儿做不到，这就需要家长耐心地帮助他制订计划，并表现出对他的信心，而非以失望相刺激。

与同辈甚至是同胞的竞争，确实能刺激一个人奋发图强，但是整个世界的运行图式在此人心中，也可能变成“竞争”而非“合作”，这样的心理状态，在未来强调合作的时代，不但职业发展会受阻，而且人际关系和家庭幸福也会受影响。这种思维和每每在高三毕业班黑板报上看到的“超出一分，压倒千人”的标语有同利同弊的效应。

所以，鹏鹏妈妈相对正确的做法应该是，充分利用姐弟之间的骨肉亲情，让二人先亲密起来，交上朋友，成为真正的家人。在亲姐弟的友爱氛围之下，姐姐给予弟弟学习方面的引导和帮助，会比爸妈的效果好得多。假如姐姐人格发展健康，内在自我价值感很高，还会懂得在弟弟面前保持谦逊与好奇，懂得欣赏弟弟的优点，那么，弟弟的情况将会越来越好。这种美好的结果，姐姐是否能达到，能达到多少，我们都不知道，因为它取决于姐姐内心的“生志铭”上镌刻的是什么。

对鹏鹏而言，当务之急是重建内心的自我价值感。方法有很多，最好的方法，就是挖掘这个孩子本来的优点，去加以肯定、加以表扬。

假如妈妈从观念上有了根本的转变，认识到孩子成绩不好只是表象，自我价值感低才是内核。那么，可以先放下成绩的问题，好好陪伴孩子，带着惊喜的眼光去发现儿子的好（鹏鹏除了文化学习成绩不如姐姐，其他方面并没有明显比姐姐差的地方，说不定体育比姐姐好很多），让鹏鹏感觉到生活是一件快乐且幸福的事情。

青春期孩子的未来无法限定，能走多远，就看自我价值有多强，当自我价值感复苏之后，孩子自然会做与自我认知相匹配的事情。

陪伴人一生砥砺前行的，是“生志铭”上镌刻的自我价值感。

制片人手记

## 学霸，是怎样的一种存在

看完这期《求求你　表扬我》，我坐在椅子上，久久没动弹，脑子里回荡着两个词：“姐姐，姐姐！”

很是心疼这个叫鹏鹏的孩子，他在学霸姐姐的阴影笼罩下，挨过7年时光。

总有一些人，存在的意义是衬托别人家孩子的聪明。

鹏鹏的意义，不仅如此，还要衬托姐姐的优秀。

我脑补一下鹏鹏和妈妈的对话，大概就像：

小学——“妈，我考了双百哎！”“哦，你姐考上重点中学了。”

初中——“妈，我这次考试进班级前十了哎。”“哦，你姐中考考了全区前五哎。”

高中——“妈，我市重点降分，录我了哎。”“哦，你姐考上‘985’了。”

大学——“妈，我拿三等奖学金了。”“哦，你姐可以保送读研了呀，福利也多呀。”

## 【01】自律给我自由

家有学霸姐姐是怎样的一种体验？我不知道！因为我就是姐姐，我爸我妈两路支脉同辈中，我都是老大，“大姐大”！

早年做过学霸，之后智商断链，比学渣还渣。

所以，当我从学霸沦为学渣的时候，心中明白低调做人的重要性，什么时候都不能拿成绩出来说话，河东河西轮流转，东边日出西边雨。

自打做了学渣之后，大姐大的味道更足，一到放假就带着弟弟妹妹们整日游荡在外。话说，20世纪西湖的山水间没有多少人，野趣十足。

我用成绩之外的非智力因素征服了学霸弟妹们，所以，至今我仍然是他们心目中的大姐！大！

我有个发小闺蜜，我们从小学一直玩到现在。当年两户人家只隔一堵墙，我经常去她家蹭饭、做作业。

她有个大她5岁的学霸姐姐，她和姐姐上同一所学区校。也就是说，从小学到初中，她里里外外，一直被笼罩在姐姐霸气的阴影下面。

她妈妈山东人，大嗓门，说话直来直去，全职在家做饭洗衣照顾姐儿俩。

姐姐吃饭对菜的口味很挑剔，咸了淡了……经常因为饭菜不合胃口在家里发脾气。她妈就会说：“我发现啊，人聪明，不仅读书读得好啊，就连味觉都比别人敏感一些，所以总是嫌饭菜不好吃啊……”

我和闺蜜对视一眼：“……”

某日，闺蜜也说：“妈，这个菜不好吃！”她妈眼睛一瞪，吼道：“不好吃就别吃！长这么胖了吃你个头啊，吃吃吃！”

闺蜜：“……”

她姐姐在学校是出了名的学霸，老师的骄傲。直到她姐毕业后多年，我们初中的班主任（当年也是她姐的班主任）还常常对她说："这题这么简单，如果是你姐，就不会犯这样的错误。"

"你能把字写得像你姐那样好看点儿吗？"

"同样的试卷，当年你姐一题没错过。"

她姐确实很厉害，在当年全国高考录取率只有30%的情况下，考进了国内著名的大学。

当时，我看闺蜜没有一点儿难受的样子，她跟我分享的是满满优越感。她说，老师一表扬她姐姐，她其实特开心，因为貌似全班就她一人有这么牛的姐姐，不然，老师为什么不表扬别人的哥哥姐姐呢。

然而，学霸的童年还是会不一样的。闺蜜整个小学都成绩平平，初中突然开始擅长理科，当年物理牛到全年级第一，男生们一直无法超越。而且会无形间非常有计划性，有时候变得十分深邃和理性，比如曾经养兔子两年，写了厚厚一本饲养笔记，记载了兔子吃什么样的草会腹泻，吃什么样的草又会止泻。很神奇的坚持属性。

她曾给我看过一篇作文，其实是写给当年老师的一封信。

她说，心目中的姐姐很优秀，但别人常常会拿她跟姐姐比较，会开她的玩笑，姐姐得到过很多夸奖，她得到的却是很多责骂。被责骂、被开玩笑的时候，她选择沉默不语，这是最好的自我保护。曾经躲在一边偷偷哭过，有过羡慕，但不嫉妒，也对自己有过失望。最讨厌大人们一直把她当作一个什么都不懂的小孩，有很多话口无遮拦地说出来。

曾经有段时间她也幻想过，要是有个哥哥该多好，一起疯一起闹，或许会有一个很狂野的童年，不用考虑成绩是不是会拖后腿。但长大之后才发现，有姐姐才真是好。小时候经常一起洗澡，一起睡开个卧谈会，一起边看动画片边吃零食，闲的时候听买回来的磁带。姐姐上学早，总是早起自己做早餐，连全家的份也一起做了，周末在家悄悄到楼下的精品店，用攒下来的饭钱买发夹、橡皮筋，用家里的布给布娃娃做衣服。完全不像大人说的那样：学霸的世界里只有学习和成绩。

她觉得有一个学霸姐姐，不是她的成绩值得炫耀，而是她身上的那些优秀的品行会潜移默化地影响到自己。比如坚持早睡早起、每天读书、每天跑步、自己洗自己的衣服。在学习上，每天做到预习、复习、错题整理归类、试卷分类整理。周末都练习写毛笔字，描写字帖，修身养性……

混到现在，闺蜜也是一个国有小单位的负责人，她说一直以来，内心会由衷地为比自己优秀的人暗暗鼓掌。重要的是，她从姐姐身上学到了“自律给我自由”。

## 【02】努力做一名优秀学渣

16年前，曾接触过一孩子。当时他才初二，就已经是小有名气的相狗师和牵犬师，靠着帮人相狗、买狗、驯狗，独自带狗去外地参加各种犬类大赛，自赚零花钱，不屑再花家里的一分钱。

小伙子大头小身子板，声音正处在变声期，奶声奶气间夹杂着公鸭嗓子，但不影响他灵敏的反应。节目中，他被主持人问到无法应对时，立即反击：“你知道猫和狗的声带有什么不同吗？”“你知道狗狗有指甲吗？”于是主持人哑口无言。

本以为大家在一起聊聊狗经，聊聊大男孩如何以此谋生，聊着聊着，话风渐渐低迷。妈妈在场一脸的不屑不满。妈妈之所以答应来上节目，是想知道儿子为什么频频“撒谎”。

原来，小伙子的爸爸是全国排名前十的某大学的教授、长江学者、博导，妈妈是名医护工作者，除了工作，就是打理儿子的学习、生活。

最近妈妈总是被老师叫到学校，原因是儿子动不动就请假，理由是各种病痛，从头痛到脚。妈妈从学校赶回家，儿子穿着老爸的睡衣躺在床上假寐。妈妈一摸电视机顶盖：“嗯？烫的！”再依次检查自己做的暗号：拔下来的插头是否放在地板上的哪条缝隙旁边，开机后首先跳出来的频道是哪个，音量在第几格，画中画是哪个频道，……暗号都对啊，那为什么电视机的顶盖儿是烫的呢？

妈妈把儿子从床上拎起来，儿子说：那是猫干的……

魔高一尺，道高一丈。为了制止儿子逃学看电视，妈妈走街串巷，寻遍手工艺人，终于定制了一个带锁的小铁皮盒子，盒盖边上破了一小洞，方便把电视机电源插头锁进铁皮盒子里。

当时大家都觉得这期节目做得太值了。

节目中，儿子坦言，妈妈所有的招数根本不管用。他每天逃学回家，如侦探般，先摸清楚妈妈做暗号的套路，然后拿个家用摄像机对准楼下车棚，这样就可以高枕无忧地看电视了。

妈妈回家，首先进入车棚锁车，同样，也进入了摄像机镜头。

家住五楼，这就给足了儿子恢复现场原样的时间。

至于妈妈锁住了电视机插头，同样难不倒他。

他说，一部手提电脑的锂电池，在电量充足的情况下，可以使用两个小时，他研究出了如何利用锂电池看电视的一套方法，妈妈这智商绝对想不到。至于频频请假这事儿，儿子也很坦率地说，那是为了“生意”，不能失信于人。与其坐在教室里什么也听不懂，还不如干点儿实在的。

一期节目坦白下来，妈妈只剩下摇头无语的份儿了。

当年，这个坦率直白、脑洞大开的少年被我们牢牢记住。10年之后，我们回访了他。

10年间，他读完了大学本科；他在韧带不是很柔软，险些被教练赶走的情况下，硬是拼出了国际跆拳道一段；他写的一部短诗选被译成中英文对照版在香港发行；他考取了国家心理咨询师……然而，他失眠了，整宿整宿无法入睡。妈妈为此泪流满面，一边担心着儿子的健康，一边执着地期冀着儿子如父亲般优秀。

10年之后的回访节目中，儿子依然如少年时那般坦诚。他说，他努力地用各种方式证明他的存在，证明他的优秀，证明他比父亲优秀，证明他的优秀不仅限于学习。但这个证明显然和父母、和世俗的评判标准完全不一致，于是他成了一个戴着面具生活的人，他希望能让父母高兴起来，他不希望妈妈整天为了他流泪。

节目做得如此沉重!

再之后，我在2015全球华语大学生短诗大赛的评委中看到了他的名字。此时，他已是澳门大学传播学博士、澳门文艺评论家协会副秘书长、江苏省中华诗学研究会副秘书长、澳门镜海诗社社长，出版了一本由莫言和曹文轩联名推荐的科幻小说……

我不知道，这样的他、此时的他，是不是父母眼中的“标准件”了?妈妈是不是有了笑容?

## 【03】学霸眼中的学霸爹妈

学霸以及学霸爹妈，我采访过很多。

能上节目的学霸几乎都有着万丈光芒的故事和过往。

从知乎上看到学霸们在回过头来总结自己的成长时，不免会认真而严肃地说起自己的学霸父母:

“虽然爸妈自己的学习能力很强，但是他们从来没有要求过我拥有与他们一样的学习能力，这是最值得我庆幸的地方。”

“我的父母让我明白了，真正担得起‘学霸’二字的人，应该是何种模样。他们远不是传说中的书呆子、刷题机器……他们永远不会满足于书本，不以秀智商为乐趣，不因自己有某些成就而沾沾自喜。”

“他们不会舍得让学生时代成为自己一生学习的黄金时代，更不会允许将高三变成自己所谓知识的巅峰，无论父辈或是我们，担得起‘学霸’

这个称谓的人，大概都是这样的。”

“他们对待工作和学术是近乎变态的严谨，是一种咬定青山不放松的坚持和习惯，他们给我感触最深的一点是——对待世界的谦逊。这里的谦逊，不因有所成就而自满；不因有所经历而高高在上好为人师；不因时代更新过快而索性止步不前、故步自封；也不会在与时俱进的学习中失却初心。”

“我父母其实是平凡又平和的人。他们真的热爱学习，在驾驭知识之余敬畏知识，而不会把知识当作资本，他们对书本、学校之外的世界也拥有求知欲望、探索的热情以及敬重。当我父母踏出燕园的那一刻，我想他们一定不会认为那是他们学生时代的终结。他们乐意自己的一生都处于学生时代，而他们永远都是这个世界最虔诚的学徒。即使在婚姻里，他们依然是优等生。”

# 03 被老师批评之后

我们不肯探索自己本身的价值，我们过分看重他人在自己生命里的参与。于是孤独不再美好，失去了他人，我们惶惑不安。

被老师批评之后

## 故事梗概

小宇（化名），高二，18岁，人高马大，和同学们站在一起，显得成熟不少，乍一看上去，真像有着丰富社会经历的大学生。

他已经一周没去上学了。

据说起因是这样的：

小宇喜欢画画。

这天，他精心画了一张自认为很不错的动漫画，放在桌边显眼处，希望能吸引到周边眼球并获得几个口头点赞。

课间，漂亮的女班干和同学们闹着玩，不小心，把小宇视若珍宝的手工绘画作品碰到地上，无意间重重地踩上了一脚，蹂坏了。

这下小宇不答应了，和女班干论理，让人家赔礼道歉。女班干说小宇看上去高高大大的，没想到长着一颗玻璃心。旺盛的荷尔蒙让小宇一时冲动，脱口而出不少“芬芳”，甚至撸起袖子恨不得动手干一仗，被同学们拉住了。这让女班干更加恼怒……

他俩一直闹到了班主任那里。

班主任认为问题出在小宇身上，不该和女生计较，不该口吐脏字，不该有打人的想法，不该……小宇不服，又跟班主任吵了起来，不服气的同时很有底气地跟老师说："那你把我爸妈叫来！"最后，小宇的爸妈果然被班主任请到，把小宇领回了家。

之后的一周时间里，小宇没有再去上学，在家里闷头画画，心里却怎么也安静不下来，幻想着门铃声响起，班主任带着女班干款款进屋，赔礼道歉，然后诚邀小宇去上学……

幻想毕竟是幻想，门铃没有响过，电话铃也没有响过，耳边充斥着父母的唠叨声、斥责声，小宇满腹委屈……

专家心语

## 请尊重我最微小的权利

/ 这是一场小宇和女同学之间的冲突，还是小宇和老师之间的冲突？

/ 为什么在老师主持了公道之后，小宇反而和老师过不去，要老师给他一个道歉？

/ 如果老师没有满足小宇的要求，小宇会不会继续去找校长乃至教育局长，要求主持公道？

事件初始，小宇只需要一个道歉。老师介入，小宇反而强烈需要一个说法。

### 一、个案推理：小宇在掩盖一个怎样的内心事实

一开始，这是一个简单的人际冲突，人物一对一，小宇对女生。

诉求是：你把我珍贵的东西碰掉了，又踩了一脚，我可以原谅你，也不要你赔偿，但你必须给我一个道歉。

这个道歉很重要，但小宇没有讨到，于是双方去见老师，事件开始变得复杂起来，性质也发生了变化。

人物从二元关系变成了三元关系：事件双方——小宇和女生，加上仲裁者——班主任。

诉求则从一个变成了两个：除原有的道歉要求外，还包含了一个潜在的心理诉求：我要仲裁者公正裁决这件事。即女同学要给我一个说法，老师你也要给我一个说法，老师你说这事儿到底是她错还是我错了？

在这件事情上，小宇有一个很“强盗”的逻辑：

1. 因为是你对不起我在先，所以你要对我道歉。

2. 至于我在冲突过程中有任何不当的言行或是对你的伤害，我是看不到的，因为是你对不起我在先，所以——你，还有你们，必须先给我一个说法。

大家猛一看，这个孩子特别不懂事，自己错了那么多，却视而不见，一直在强调对方必须先道歉，特别在意自己那点“微小的权利”。

他这个权利基础，其实也就仰仗了一点：时间顺序上，女孩有错在先。

难道，小宇就一点儿错都没有吗？小宇自己心里清楚不清楚？

在节目中，小宇有一个出现频率极高的词汇：“可能”。而且几乎无一例外出现在谈到自己的责任方面。只要主持人问及他自己有哪些不恰当的言行时，“可能”这个词毫无例外地立即出现。

比如：“可能我跟那个女生吵了之后，有点冲动吧。然后我可能就是跟老师这样说，那你把我爸妈喊来。”

“主要可能还是我骂人之后嘛，跟她又吵又凶。”

“老师可能看她是班干部又是个女孩，然后又因为就是我后来可能讲的那些话。”“然后就可能觉得她比较占优势。”“有次我下楼梯的时候可能走得有点快。”“可能我属于那种老师眼里面比较调皮的学生。”“可能是一时绕不过弯吧。”

小宇的这些“可能”，说白了，就是试图把大家都认为确凿无疑的事情，有意无意地描述成“大概存在”“也许存在”，有意无意地淡化自己的责任。而他语言的流畅度，每到这些地方，也都要打起折扣，显得明显底气不足。

这些都说明，他心里是有数的。

他是出于什么目的而掩盖呢？

目的就是要老师主持公道，要女生道歉。为了达到这个目的，他要竭力将自己的错先搁置在一边，暂时“视而不见”。

那他什么时候才会看到自己的问题？

答案是：微小的权利被尊重时！

无论是老师，还是家长，作为教育者，对同一个体的同一种现象，我们每时每刻都可以选择：是视为问题，还是视为资源？

从问题的角度去看：这孩子没救了，睁着眼睛说瞎话。

从资源的角度去看：这孩子还有救，他并不是不知好歹，而是“太讲究好歹”，不懂谅解和包容。他内心的是非观和正常人没有什么不同，甚至还要更强烈一些（因为这些也许恰恰是他的成长经历中缺失的），他只是出于某种目的想要掩盖自己的错，不想让你发觉。

/ 为什么小宇一方面要执着于权利，一方面要极力掩盖自己的责任？

/ 造成这种现象的根本原因在哪里？这就要说说对一个人而言，外部冲突与内部冲突的关系和区别了。

## 二、心理分析：一切有迹可循

我们常说，某某人心理有问题，既专业又简洁的说法是：他们内心有了冲突，不再安定平和。

人心一旦失去安宁，就会为了重新找回这份安宁而做各种尝试，有些甚至是当事人自己都不太能理解的。比如，小宇对老师不依不饶要说法的举动，以及一些因心理因素导致的强迫行为和躯体表现等，这是内部冲突较为剧烈的情况下，个体在无意识中将内部冲突外部化的一种现象，通过挑起对外的事端，来缓解内心的冲突感，其后果是会造成个体对外适应方面的困扰（比如人际冲突），但对回避内心痛苦起到了一定的作用，可以视作是内部自我保护的一种机制。用俗话说就是，“这样折腾一下，比什么都不做要好受一点”。从这个意义上来说，与其说小宇是在制造冲突，不如说是在无意识地治疗自己。

有些事情，本来只是外部冲突，比如，同学之间闹矛盾或是师生之间的冲突，这种冲突是大家都能看得出来的，假如没有内化进当事人内心，形成内部冲突，那么，一般经过调解或是冷却，都能得到缓解。

为什么这种事情，在小宇心中变得那么“过不去”了？

有一类人，认死理，别人过得去的委屈，他过不去，没修养、没风度、太偏执，大家都觉得他不可理喻。但是，有一个问题值得大家认真思考：他是否全无道理？即使绝大部分的责任都在他，他那1%，甚至0.1%的合理诉求，要不要被看到一下、被尊重一下、被满足一下？对这个问题的思考和回答，不但对做好青少年教育而言有意义，对化解社会矛盾、降低缠访闹访、构建和谐社会，都有很重要的价值。

人与人之间的冲突，几乎没有百分之百是某一方全对，或百分之百某一方全错。我们评判一件事情的对错时，绝大多数情况下都是根据双方大致的责任比例来判定最后的结果。一般而言，双方对错差异比较大的，我们会认定错得较多、错得离谱的一方承担责任，并且不再关注他那一方的微小诉求。

在传统文化中“以和为贵”“不要斤斤计较”“算了算了，都是同事（同学）”“行了行了，少说两句”等调解氛围的影响下，承担主要责任的当事人，只能将自己有理但不太重要的那部分诉求放弃掉，或者慢慢想通，或者长久压抑，很少有专业的疏导机制去帮助解决，在同事、同学、亲友面前不能计较的事情，会逐渐开始去跟陌生人计较，久而久之，有人仿佛时刻都酝酿着一股无名之火。

回过头来看小宇，他的心情解读就是：“其实我知道我有很多不对的地方，但一码归一码，我应当得到一个道歉，这和我所有的不当言行之间都没有任何关系。你们可以因为我做得不好批评我、处罚我，但我就是真的有权获得她一个道歉，我这个权利、这个诉求，你们谁看见了？谁替我主持公道了？”

是的，主持公道。

当老师这个仲裁者介入的时候，小宇的内心诉求从一个变成了两个，除了要求女同学道歉之外，还有一个隐含诉求，就是老师要公正裁决，让女同学道歉。这正是体现公正裁决的不可或缺的一环，而这一环，老师偏偏没有做到。

一个结还没有打开，另一个结迅速结上，双扣死结，小宇走不出来了。

此时，外部冲突内化为内部冲突，冲突两端不只是表面上看到的小宇和老师，而是变成了小宇内心的两个价值观的冲突：一边是老师必须办事公正的价值观（因为你是我的老师），另一边是那么小的事情不要太计较、男人不要和女人计较的传统文化价值观。小宇的内心无法调和这对矛盾冲突，只能通过不断地质疑老师，来缓解这种内部冲突。这既是青春期孩子的价值观不够圆融所造成的，也和小宇的个人成长经历有关。

人的内心冲突每天都有，为什么小宇的这份冲突反应这么剧烈？

更深一层说，小宇对这件小事“过不去”，不只是因为存在内部冲突本身，也不仅因为这个冲突撼动到了价值观层面，更因为它涉及的是“公平感”这个特别敏感的价值观。

我们从小到大，在社会化的过程中会形成很多价值观，其中绝大多数是由社会文化、社会规则内化而来，但有一种价值观，却几乎先天就存在，那就是公平感。人心对公平感的追求，其力量之强大，几乎可以令人放弃其他本应在乎的东西：学习、工作、亲情、爱情甚至生命。有时，这种不顾一切让我们看不懂，我们觉得当事人很变态，其实，每个人对公平问题都是敏感的，只不过成长经历让我们学会了为获得社会好评而放弃一些“不值一提”的公平。当有人重提这些“不值一提”的东西时，我们不但会感到他太不懂事、太不成熟，甚至会恼羞成怒，因为他勾起了我们内心深处早已忘却的某种遗憾。

/ 假若探寻其心理成长过程，会发现，一切都是有迹可循的。

/ 看懂了那些人，也就看懂了身边人，再遇到小宇这样的“公平感冲突”，我们大约会更加宽容一点儿去对待，更加专业一点儿去解决。

## 三、旁门链接：我不是潘金莲，却更像李雪莲

有种人，很可笑。

本来没那么可笑，后来越闹越可笑。

在电影《我不是潘金莲》中，女主人公李雪莲和丈夫秦玉河合谋以假离婚骗取利益，结果被丈夫将计就计，假离婚变成了真离婚。在讨说法的过程中，李雪莲变得越来越过不去，仇恨的对象也越来越多。其中有一个

片段，是李雪莲请肉摊老板胡某帮助自己杀人泄愤，对话如下：

李雪莲：“知道杀谁吗？”

肉摊老胡：“不是秦玉河吗？”

李雪莲（掏出一张纸）：“这是名单。”

肉摊老胡：“要杀这么多人啊？”

李雪莲：“市长蔡沪浜，县长史惟闵，法院院长荀正一，法院法官王公道，畜牲秦玉河。”

肉摊老胡：“你进了一次公安局，把你给气糊涂了吧？我一个人，杀得了这么多人吗？这上面除了秦玉河，个个都是当官的。他们一天到晚身边到处都围着人，我不好下手呀。”

李雪莲：“没事，能杀一个是一个，我这心里憋得慌。”

影片中，肉摊老胡没好意思说明白：你是不是有精神病啊，你这事情越往上越挨不着啊。

是的，李雪莲，你真可笑，真孩子气。你本来还有三分理，结果在说理的过程中，不懂得控制情绪，于是越说越没理，人见人躲，人见人烦，人见人笑话。

小宇和同学之间的纠纷迁怒于老师，多么像这部荒诞电影中的李雪莲，和前夫的纠纷，迁怒于法官，对法官的不满，迁怒于法院院长，然后，县长、市长。她已经成了众人眼中的异类，不可理喻的偏执型人格障碍，使她成为放弃了全部生活去耍孩子气的上访专业户。小宇在事情没有得到如愿处理的情况下，诉求逐步升级，越闹越大，他开始不去上学。

李雪莲年纪大，可以不管不顾地一直“闹”下去。但是小宇年纪小，面皮薄，他不想上学，在节目中不愿以真面目示人，与其说是想对抗老师，不如说是自己要面子，因为他被推到了一个进退两难的尴尬位置。

我们在节目中看到，小宇振振有词，处在一种真实的愤怒情绪当中，他对大家都觉得没理由、没必要生气的事情气得不行。在那一刻，小宇表现得和我们有些不一样。哪里不一样？找到它，问题就好解决。

## 四、佐以有道：哪里不一样？找到它，问题就好解决

平心而论，这起冲突，小宇有责任。

责任之一：漫画既然是心头珍爱之物，为何课间那么漫不经心地放在课桌的边沿，而不加以更好的收藏与保护？他对事件的起因要承担一份责任。

责任之二：女同学是无意碰掉、无意踩到漫画，对无心之过，小宇未免过于咄咄逼人。如若语气宽容一点，对方未必毫无歉意，他对冲突的推动也要承担一份责任。

责任之三：冲突过程中，小宇对女同学有爆粗口和肢体动作威胁，有失基本修养，不懂情绪控制，对矛盾的进一步激化更要承担责任。

由此说来，小宇实际上是应当承担更多责任的人，也确实是应当被批评的人。就这点而言，老师已经做得很好。

但是矛盾没有解决，事情进一步激化。这时，我们不妨换个思路来看待问题：对待青春期的孩子，很多时候，有效果比有道理更重要。

道理上是小宇不对，但作为成年人，我们应该怎样看待、预防和解决他这种有点偏执的心理呢？

1. 这件事情，作为外部冲突，一般可以怎么解决

小宇和女同学之间的矛盾，在见老师之前可以有三种解决途径：

（1）某一方：某一方出于歉意或是大度而主动缓和，使冲突的力量消失，矛盾立即解决，甚至或许会出现双方比着道歉的美满结局。日常生活中我们也可时时看到，越是“不蒸馒头争口气”的纠纷，越是会在后期出现这种画风急转的场面。但在小宇和女生之间，这种局面没有出现。青春期的孩子有个性、自尊心强，女同学挖苦小宇，小宇要求道歉的行为属于

“玻璃心”，进一步刺伤了小宇的自尊心，因为这等于说他“不像个男人”。

（2）围观者：因为同学的身份与双方当事人平齐，不带有“仲裁者”的色彩，所以，如果当时围观者对小宇和女同学的对错予以客观的评价，给出以相互道歉的建议化解冲突，往往也能收到效果。毕竟此类纠纷大多数时候对错参半，对的、错的，说清楚了，双方也心服口服。但小宇缺乏控制情绪的能力，相继出现了说脏话和肢体威胁等行为，后续冲突的严重程度远远超过了事件的起因冲突，在短短的课间十分钟内让双方立即缓和冲突似乎不太容易。

（3）双方：不用情绪对话，让事情自然解决。上了年龄的人都有此感悟，情绪上来的时候，觉得某件事情就是过不去，待情绪降温之后，自己都会觉得无聊，甚至哑然失笑。一个成年人经过反思后，也许会觉得自己斤斤计较有失风度，非原则性问题，往往就这样在冷却后自然解决，或是相互致歉，或是闭口不再提及。

以上这三种解决途径，都是外部冲突外部解决，冲突没有内化进当事人的内心，形成内部的矛盾斗争。即还只是“与人斗”的问题，而不是“与己斗”的问题。

遗憾的是，小宇和女同学之间的冲突，没有出现这三种解决途径。

2. 这件事，要怎样解决，才会比较有效

此事的处理关键在于，小宇要求女生就自己的无心之过做一个道歉，老师是可以支持一下的，哪怕女生不配合，老师的这份姿态也可以极大地缓减他的对立情绪，使后面的沟通一路顺畅。

有人可能会问，小宇这么不讲道理，这么咄咄逼人，我们面对他，有必要这么软弱吗？有必要让女生受那么大的委屈吗？

很有必要！老师并没有软弱，女生也并不委屈。

真正弱小的其实是小宇。

他看上去咄咄逼人，实际上只是一直在祈求甚至哀求自己那微弱的权利得到重视，否则他内心公平感的天平就一直无法恢复平衡，这是令人焦躁痛苦的情绪体验，这种需求近乎一种内心强迫。

小宇由于不懂得控制情绪，使得自己微弱的权利需求不被重视，在“仲裁者”面前，他其实相当无力，外在的咄咄逼人，只是勉力振作的一种假象。老师如何解决这个问题的思路，将直接决定外在冲突会不会内化进他的内心。如果老师满足小宇的诉求，外在看似处置事件，内在实则心理治疗。小宇毕竟还没有能力通过改变僵硬的价值观去缓和内心冲突（这个工作可以在未来通过成长性心理咨询来实现）。

老师若能细致入微地了解、认同、尊重他那微小的权利，并将那权利从这个事件中剥离出来专门处理，那将是解决这起纠纷的关键；若能更进一步，深入探查造成小宇这一性格特点的成长经历，也许能通过这一起小小的学生纠纷事件，彻底帮助到一个孩子的成长。因为不是每一个人对公平感的追求都这么不可通融，更不是每一个人对公平的追求都到了罔顾事实的地步。从小宇这件事我们可以发现：

第一，真的有这样的人存在。他们由于童年成长经历的影响，比较认死理。

第二，他们完全有权利去捍卫自己的微小权利，哪怕他使用了一些语言伎俩和强盗逻辑，但这和他有没有权利完全是两回事。假如不对他这个权利予以确认和支持，很多在我们眼中顺理成章的问题便解决不了。

第三，在“以和为贵”的社会心理氛围下，这部分人注定是在进行一场胜算不大的抗争，所以会逐步变得自说自话、罔顾事实，越来越不可理喻。而这一切，其实都可以从最初、最微小的权利去破解，关键是我们要看到并承认。假如老师内心并不认同他有这个权利，就算强行要求女生道歉，则自己也必然会有种被小宇胁迫的感觉，还是会带来新的问题。

节目的最后，主持人问小宇现在怎么看待这件事情，小宇说：“不能因为这些小事儿，把自己给放弃掉。”主持人立即敏锐地追问了一句：“真心话吗?”小宇回答:“是的。”

是否是真心话?我的感觉是:有可能是,也可能不是。大多数个体在情境压力下会做出妥协。比如在电视节目中,大家多多少少都会不知不觉使用主旋律、正能量的态度说话,电视调解节目的成功率也会相对高于社区调解和法庭调解。

对一个孩子的成长而言,获得稳定的态度转变、真正消弭内心冲突,才是更加重要的。主持人会特意追问,可能是因为直觉地感受到小宇似乎并没有促成完全的态度转变,他只有通过自己的让步重新“回归社会”,而没有被更深地理解,他的“公平感”冲突并没有得到真正意义上的解决。但我们的生活又何尝不是如此呢?马云说:“男人的胸怀是委屈撑大的。”我们不能指望在成长中的每一个委屈,都有专业的心理咨询师来认同、理解和接纳,很多时候,我们是通过调整自己的认知结构来实现内心新的平衡的,这使我们的价值观越来越圆融的同时,也可能使我们变得越来越无所谓;当我们的人格结构越来越坚固,能够抵抗挫折、打击特别是委屈的时候,也会越来越对他人(特别是自己的孩子和学生)那份敏感且细腻的内心需求缺乏耐心。

小宇的委屈,我们每个人在孩童期都或多或少遭遇过,但如果和李雪莲一样,始终带着不满长大,将会在自己对外交往的任何一个时刻走入“不服判决”的岔路口,耽误自己的大好青春。作为青少年心理咨询人员,我们认为,所谓“蹲下身子平视孩子”,不只是一个肢体上的姿态,更是要始终保持内心对他们“幼年残留”“童年残留”的这种幼稚的心理需求有一份认识和警觉,时刻意识到:再微小的权利,也是需要被尊重的。

制片人手记

## 可爱的愤怒

节目录制前……

小宇跟着编导走进演播厅，乖乖地举着双手，任由编导转着他的身子，帮他别上话筒，然后坐在一边的沙发上，安安静静地看着工作人员做着各种准备工作。

一开始，我以为这不是小宇，问了编导，确定是。于是，多打量了他几眼。

用“人高马大”这个词形容很贴切，和现场工作人员站在一起，还真像同事。

节目就要开始了，他在编导的带领下，默默地走到毛玻璃后面，灯光亮起，他的剪影映射在玻璃上，剪影佝偻着，仿佛子宫胎儿图的巨无霸版本。

毛玻璃是节目中使用的特殊道具。尊重那些不愿露脸，但愿意分享故事的当事人。当事人坐在毛玻璃后面，摄像机只能拍摄到其剪影，看上去，现场专家和主持人在和一个“影子”说话。

我在录制现场。听着一个低沉且成熟的声音从毛玻璃后面传来……我两眼怔怔地盯着那个佝偻得如胎儿般的剪影，视觉和听觉有点儿分裂。

“她没有跟我道歉……”

“她踩坏了我的东西跟我道歉就是了，然后她讲我‘玻璃心’什么的……”

“我当时就是觉得很委屈……”

“这件事我还是感觉很委屈……”

“最近一个礼拜我都没有过去（上学）……”

这个影子，看上去是那样单薄和无力，孤独且无助。

我似乎听到了小宇内心愤怒的潜台词：凭什么是我错了？明明是我受了委屈，为什么不来向我道歉？

## 【01】老师说，愤怒的孩子很可爱

我身边不乏仍在一线当老师的同学、朋友。喝茶、参加饭局的时候，大家在一起说些笑话，估计“小明滚出去”的段子就是这样应运而生的。

一次饭局，T美女迟到很久，她是某区重点高中重点班的班主任。我们喊她“重点T”。

“重点T”笑眯眯落座，轻描淡写地说处理了一下学生的事情，迟到了。

多大的事儿呢？据“重点T”说：

班里有个男生已经快长发披肩了，被分管德育的校领导看见，要求剪到校方规定尺寸。第二天，小伙子顶着锃亮的光头进班，引起轰动，当然，也引来了这位领导。小伙子和领导杠上了。

小伙子说：我是剪短了啊……没有超过规定尺寸啊……学生手册上又没有不准理光头这一条啊……难道我要拿着尺子去理发吗？

同学们一阵不怀好意的哄笑。

领导很生气，后果很严重，两人吵得不可开交。你能看见小伙子一个人站在怒火中，愤怒得恨不得当场就要把房子点燃。

“重点T”劝退了领导，把小伙子叫到没有人的教室，静静地在一旁看着，任由小伙子声嘶力竭地怒吼、质疑、吐槽、骂脏字……

能量耗完，小伙子终于安静了。

“重点T”说：头皮都精心打磨得寸草不生。其实吧，再请家长、再写检讨，一时半会儿也长不出半毛来。兄弟，我太能理解你为什么要剃成光头了。大家穿同样的校服，除了外在比鞋子内在比成绩，实在看不出啥差异化了。

小伙子很认同。认为“重点T”把他带到一间没人的教室里处理事情，给足了面子。

之后，“重点T”以朋友的口吻，让小伙子想想办法，怎样不把“光头效应”扩大化，以避免更多人效仿。小伙子成功被转移话题，设身处地站在“重点T”的角度，说以后进出校门戴帽子，不游说其他哥们儿一起“光”，尽量低调，默默等待……

“跟你们说，学生发脾气的时候，千万不要让他看到你的不舒服、干着急、生气和伤心的样子，那样他们反倒很高兴。

“重点T”的说法总是那么与众不同，我很喜欢听。

“你比如说打小报告这事儿，我们会看重问题本身，而学生们更看重人品和道义。老师如果还没搞清楚事情真相，一开始就站在告密者一边，不管你说什么，都会引起学生们血气方刚的抵触和鄙视。”

“学生们更重视你的语气语调，还认死理，如果老师处理的办法很损他们的面子，在我们想都想不到的细节里，很可能就藏有他们的爆点，看他们把小事闹得你不好收拾。即便他知道自己错了，仍然是煮熟的鸭子——嘴硬。”

席间，话题被“重点T”牵着，基本集中在“如何搞定青春期”。

据那些做高中教师的朋友说，他们反而喜欢那些动不动就发怒的学生，因为越是这样的学生，越单纯，越是在意老师的反馈。对这种学生，你越真，越是先顺毛撸，平静之后再去技术指导，他们越是尊重你，而且很可能就会成为那种特别好、特别有才华，还一辈子都敬佩你、爱戴你，说不定年年都要来看你的那个孩子。

在大多数人眼里，愤怒是种从根本上就很消极的情绪，甚至还天生具有攻击性。但在不动声色的老师眼里，会愤怒的孩子很可爱。因为相比于焦虑、恐慌、逃避、压抑，愤怒的孩子更具有行动力，更热衷于去寻求能够证明自己想法的证据。想法更开放，结果也更有可能改变先前的认识，而不会陷在其中，孤独寂寞，苦苦哀伤。在他们的愤怒中，你能了解他们对事情的看法、他们的个人空间边界在哪里、他们的正义感有多么强烈。至少，他们能让你看到一个真实的模样。

青春期，看上去是那么自以为是，那么生命旺盛，那么蓬勃顽强……与其被他们的情绪牵着鼻子走、气不打一处来、不知所措，还不如换个角度，静静地欣赏青春期的狂风暴雨。幼稚中夹杂着一丝略微成熟的味道。

## 【02】学生说，幸福的老师很孤独

曾经跟拍过一位S老师，男，说是45，看上去像54，班主任，教高中语文。

跟拍他的理由是：辛苦的老师，幸福的“老爹”。

S老师教的高二班，女生多且美丽，时不时会招来其他班男生的“不怀好意”。

教室在1号楼的3楼靠楼梯左拐第一间，没有电梯；办公室在3号楼的4楼，没有电梯。

每当下课铃声响起，身形敦厚的S老师，跑步从4楼下1楼，跑步奔向1号楼，登上3楼，把守住3楼左拐的楼梯口，对那些“不怀好意”的男生们严防死守，就怕自己一个不小心，哪一个“女儿”“被猪给拱了”。

只要一看见有外班男生鬼鬼祟祟到窗前、门边探头探脑，S老师便会好奇不止地盘问不休：“找谁？你哪个班的？什么事情？有东西要带？我来转交……来拿东西？什么东西？下个课间找我来拿……”

这个细节我没有跟拍，S老师不让。说是“女儿”们很反感他的这一举动，早已用过各种方式抗议和提醒，但S老师没有妥协。目前唯一的妥协就是不让跟拍这一段，以免矛盾激化。

所以，有个很好玩的场景就是：

办公室里，我们正跟S老师聊着、采访着关于他教学方面的心得体会时，下课铃响了，他条件反射般地拉开门，瞬间消失，留下身后话说半截张口结舌的我和摄像师。办公室的其他老师没有任何反应，说是习惯了，老S对每届的孩子都这么上心负责。

这一天，我们等着S老师下班，跟拍他回家的镜头。

等到晚自习结束。21：30，我们和S老师踏上了回家的路。10多年前，没有地铁，那时候，人们脑子里，连“地铁”两个字都没有。

跟拍是件很辛苦的事，一切为了真实。但没想到，跟拍S老师，不是一般的辛苦，我们从市中心出发，转了3趟公交，从城市公交转到末班的农村公交，一个半小时以后，我们跟着S老师到家了。

那是一个孤零零坐落在荒废田野里的安居小区。小区大门外，是破落的城郊接合部，肮脏、颓废。

不用多说什么，不用多问什么，看见这样的场景，我和摄像师变态似的开心，前前后后，拍了不少昏暗路灯下，三两路人中，一只流浪狗跑过，S老师形单影只的背影，匆匆行走在狭小的街巷，渐行渐远，在镜头里变焦……模糊……最后只剩下浑浊的光圈。

S老师家住在顶楼，说顶楼价格便宜，还送了个假二层的小阁楼。

跟进S老师家。先拍时钟，指向夜里11点多。

S老师的太太出来跟我们点了点头，打了个招呼，便睡去了。

我们的镜头跟着S老师弯着腰，爬上木质楼梯，上到小阁楼，那是他的书房，书桌上整齐地摆放着女儿当日的作业，他看女儿的作业和批改学生作业的样子无二。女儿读初三。

同期声中，他边看女儿的作业，边愧疚地说平时关心女儿太少太少了，每天早出晚归，几乎见不到女儿的面，唯一和女儿的接触就是通过作业和留字条。女儿初三了，成绩在班里顶多中下，S老师除了担心和愧疚以外，似乎再没有其他办法了。

当晚，我和摄像就在S老师家的阁楼和客厅，随便打了个盹儿。真没敢怎么睡，因为S老师每天早上5：40准时出发，赶头班车，才能在7：30早自习之前出现在全班“女儿”们的面前。

镜头，真实地记录下了S老师忙碌而自己认为幸福的生活。

5年后，一个教师节的特别节目策划，让我们想起了这位幸福的S老师，栏目组决定趁9月开学前，做个回访。

当年的那班“女儿”们都早已毕业，节目设计了一个班聚环节。

S老师笑眯眯地翻出当年学生们的通信录交给我。

我们一个电话一个电话打过去，盛情邀请大家来和老师聚聚。

有直接回绝的，也有语焉不详说考虑考虑的。

我们一直在打电话，一直在确定能来的学生，一直在跟S老师说，这个环节是个秘密，到时候要给你一个大大的surprise（惊喜）。

节目录制那天，我们终于等来了S老师的学生：一位患有小儿麻痹症的女生。当她发现现场只来了她一个学生时，嘟囔着：“早知道这样，我也不来了。”

这真是一个令人沮丧又奇怪的场面。

聚光灯下，S老师和主持人幸福地回忆着他的曾经：还好，女儿初三的后半学期，他发力了，利用所有的休息日给女儿补课，女儿考上了一个看上去还不错的高中。

到了师生见面的环节，我看见，S老师兴奋地站起来，两眼闪烁着光芒，任何人都能看得出他的激动和期待。

追光处，一个步履蹒跚的女孩缓缓走上来，羞涩地和S老师象征性地拥抱了一下。谁也没有料到，S老师更没有料到，当年的“女儿”们，送来了一个尴尬的surprise（惊喜）。

这期节目的剧情反转让在场的每一个人都猝不及防，作为编导，我仅仅比S老师早知道半个小时而已。

节目录制结束后，S老师依旧一个人走了，也带走了他之前想请学生们一起夜宵的念头。

很巧，10多年后，我遇到了S老师当年的“女儿”之一，如今的同行。

我俩回忆起那段往事。

她说当年S老师对学生们，特别是女生们严格到近乎变态，仿佛亲爷爷遥控、亲爸爸上身。每次班会课间，S老师，一个大男人，或慈祥，或悲壮，或委屈，或愤怒……苦口婆心，谆谆教导，感觉她们是一群无能儿……

他所谓的幸福，是他自己一手勾勒的，与她们无关。

私下里，同学们猜测他是不是把对女儿的愧疚转嫁到她们身上，还是他跟老婆之间没有爱情。

他的辛苦有目共睹，但不代表她们要配合他幸福，他给了她们并不需要的东西。

高中三年做他的学生，更多的是在抗议、对抗、反抗中度过，大家聚在一起讨论的就是如何能躲开他的视线。她们撒谎，她们互相打掩护，她们递字条的地下工作滴水不漏，她们集体“战胜”他的成就感远远大于对成绩的满足感。

有时候，内心其实也明白S老师的行为是合理的，但是她们却有意去违抗，更在乎与老师对抗时的那种快感。“猫和老鼠”的游戏愉悦了她们的高中生活。真搞不懂，他自己有老婆有孩子，怎么又让人感觉他什么都没有？他的世界里难道只有她们这群学生？

那个昏暗路灯下疾疾行走的背影，牢牢刻进我的脑海……

“孤独这两个字拆开看，有小孩、有水果、有走兽、有蚊蝇，足以撑起一个盛夏傍晚的巷子口，人情味十足。稚儿擎瓜柳棚下，细犬逐蝶窄巷中。人间繁华多笑语，惟我空余两鬓风。——小孩水果走兽蚊蝇当然热闹，可那都和你无关，这就叫孤独。”——林语堂

S老师爱生如子，犹如慈父。心是学生的，身体是自己的。但事实是：学生，不是子，亦不是女，他们各自有亲人，他们各自是自己。

“我们不肯探索自己本身的价值，我们过分看重他人在自己生命里的参与。于是，孤独不再美好，失去了他人，我们惶惑不安。”——三毛《简单》

# 04

# 你看见我了吗

很多事情，其实当我们走过之后再回首，才能看到对与错，才能知道无形中伤害了很多人。没有打脸就没有成长。自以为是的家长式控制欲，在一次次打脸中皮开肉绽，然后结痂成长。

你看见我了吗

## 故事梗概

俊楠（化名），17岁少年，从初二到高中一路走来，用他自己的话，那叫一个“浑浑噩噩”。

比如，初二开始对女生产生好感，甚至对其中一个自称是“用心追了一年半”，最后却还是被拒绝，加上当时体重80公斤，从外形到内心都备受打击。

让他更饱受打击的是中考时，恰逢村子拆迁，童年发小被拆得四下散去不说，还拆出了一个惊天秘密：“当时父母竟然是离婚的。”俊楠感觉自己身处在一个假的世界里，一切皆不可信，索性破罐子破摔。

中考的分数只能让他进入职业高中。

刚刚入校，行为反常。上学天天迟到，上课直接睡觉，考试桌面小抄，和老师唱反调。

终于有一天，俊楠同学集满三次记过，学校通知家长领回家去“反省”。妈妈为此辞职，陪着俊楠四处旅游散心，最终目的地居然是家医院，妈妈和医生“串通”好：观察观察，看这孩子到底有没有毛病。

这一次住院，倒成了俊楠成长历程的一个重要转折点。他和同在医院疗养的一群兵哥哥打成一片，下棋、聊天、吹大牛……兵哥哥们语重心长地教导俊楠好好珍惜年少时光。

从医院出来，俊楠窝在家里，继续休学。每天睡到自然醒，吃吃喝喝，打打游戏，但这样的日子没过多久，再次让俊楠开始怀疑人生。

他央求妈妈，想去上学。

原校的老师们尽管心里有些害怕当年这个叫俊楠的“混世魔王”，最后还是收留了他。

慎重起见，学校领导召集任课老师一起，像医生会诊那样对俊楠的教育拿出方案，让俊楠定时到心理咨询老师那儿做辅导。

两年走过，现在的俊楠这样说——

1. 体重意想不到地瘦了30斤。

2. 我也不会容易动怒了，因为在之前，反正我怒火都已经动过不少了。

3. 删除我经历过的每一个瞬间，我都不能成为今天的自己。

## 你看见我了吗

/ 违纪与违法犯罪有相似之处，都是一种越轨行为。

这期节目的主人公俊楠是我最欣赏的小伙子，没有之一。

俊楠曾经优秀过，但在一个特别的时间段，突然变得自暴自弃：老师在讲课，他在下面嗑瓜子；老师让他站起来，他不听话，直接就冲出教室；考试时，他将书放在桌子上抄，并认为这不是作弊，不算违纪；面对学校的处分通知，直接拿过来撕碎，扔在地上。这个孩子还有救吗？

不守纪律的见过，大多是处于一种逃避的心理状态，达到目的即可，不被发现最好。但像俊楠这么高调、这么作死、这么充满抗争地不守纪律的，好像也不是太多。原因在哪里？

## 一、越轨有越轨的理由，请求被看见

违纪与违法犯罪有相似之处，都是一种越轨行为。根据越轨心理学的研究，当一种越轨行为毫无现实层面的好处可言时，也许恰恰是内心深层心理需求的体现，可以理解为是一种强烈的心理需求的呐喊与求助，也可以理解为是自我在寻求一定的方式直接满足这种心理需求。只不过，这种满足仅仅是内心世界的暂时满足，对外部世界而言，一般会造成不断冲突、恶化生存环境的后果，除非，这个孩子身边的家人及老师能及时地发现和理解他的这种需求。

就像一些与男友闹分手的女孩子，其心底的声音是："我一次次的不依不饶，并非要刻意制造冲突，也绝非要你事事忍让，而是有一个苦衷：我不制造出这个动静来，你不会发现我内心的需求，我用这种方式呐喊，吸引你来关注、来理解。"同样是在亲密关系当中，女孩子可以选择在不被理解的失望中离开，俊楠却不可以，因为他面对的是父母。

俊楠的妈妈一直很纳闷，为什么带他去旅游散心，他还是不能好转？为什么我请假在家专心陪他，他还是这样一点儿都不懂事？

现在我们知道了，俊楠不是不懂事，而是内心中被家人理解的需求，被忽略太久了！忽略到了自己已经说不出来的地步，只能通过各种冲突来表达自己心底的声音。

妈妈不去了解，不去探查，不去询问，对俊楠的内心世界不感兴趣，指望着用外出旅游散心的方式重启俊楠的积极情绪，就好比电脑染上了病毒之后，妈妈没有想到要杀毒，而是希望通过重启的方式让电脑重新运转。

对于积重难返的心理绝望而言，程式化地履行一个关爱的动作，在完全没有了解、没有看见内心挣扎的情况下，旅游散心，既难有效果，也是对俊楠深深的不尊重。

对俊楠而言，第一需求是被理解，然后才是旅行和散心。

第一需求被满足，紧随而来的才是锦上添花，扩大战果。

第一需求被忽视，其他做多了，只是适得其反，败事有余。

/ 身体和精神已经分开了，不受自己控制了，想干吗就干吗。

## 二、防御有防御的面具，请求被看见

俊楠的苦恼和心理压力到底来自哪里呢？我想，这主要包括：

1. 父母离异，隐瞒实情。初中的某一天，俊楠猛然发现父母已经离婚了。在我目力所及，离婚之后还以夫妻名义相处的，这种情况其实还不在少数。究其原因，一方面是父母自己的面子问题，另一方面，更多的还是为了保护孩子的心理，不希望他的生存环境受到太大冲击。但在孩子心目中，这种好意“事与愿违”，因为内心会有一种不被信任、不被尊重的感觉。

2. 村子拆迁，发小离散。一个人能够承受生活打击的程度，既与自身的心理成熟度有关，也与其社会支持系统健全稳定程度有关。对一个孩子而言，心理成熟度比不上大人，同一时间又遭遇了父母的“欺骗”和朋友的离去，他能够交心说话的人全部不见了，而初中这个阶段，正是他最需要伙伴的时候。

3. 成绩滑坡，积重难返。在没有心理支撑的情况下，学习滑坡是很正常的事情，而这种滑坡又增加了一层新的心理压力。

人不是不可以承受压力，而是不可以同时承受那么多压力。于是俊楠说："我不动感情了，做个冷血动物好了，这样我就不会感到难过、感到伤心。"

当人面对难以承受的巨大压力又无处排解时，为了不被这种压力压垮、压死，会在心理上无师自通地做一些保护工作，按照轻重程度分级，可以粗略分为防御、隔离、解离和分裂。

所谓防御，是采用各种心理防御机制来缓解内心冲突与压力。比较正面、成熟的防御方式是"升华"或"幽默"等，比如将孤独感升华为一种不受打扰的学习动力，或者是面对磨难采取自嘲的生活态度，但这些都需要比较成熟的内心，对成人而言，往往都不容易做到。

更常见的防御方式就是压抑、否认、合理化和退行等。俊楠一方面将难以承受的内心痛苦压抑在潜意识深处，获得暂时的安宁；另一方面，出现了很多"睁着眼睛说瞎话""横竖我都有道理"的现象。如考试时，他将书放在桌子上抄，并认为这不是作弊，不算违纪；将违纪通知书抢过来撕碎等行为，因为他认为自己根本没有违纪；当考试不理想的时候，认为是学校的记分系统出了问题，等等。由这些现象我们可以看到，俊楠处在一种相对比较痛苦的心理防御状态中。

当俊楠说到"当时的感觉'身体和精神已经分开了，不受自己控制了，想干吗就干吗'"的时候，其状况令人心疼和担忧。

一个人在内心冲突与压力大到自身的心理防御系统非常吃力，又无法向外界倾诉释放时，还剩下的内部自我保护方式就是在内心将自己分割成两个部分：一个"受苦的自己"和一个"超脱的自己"。然后让真正的"自己"居住在那个"超脱的自己"当中，这样可以暂时缓解痛苦，但是付出的代价也很大。这种行为，一开始可能是有意识的隔离，比如俊楠说的"我就不动感情了，做个冷血动物好了，这样我就不会感到难过、感到伤心"就是自己的一种主动选择。但是后来各种压力均未得到排解，老师步步紧逼，在班级不断被边缘化、异化，学习成绩一落千丈的时候，这种隔离的需求量越来越大，大到了无意识层面也在参与的地步，便出现了类似于解离的心理现象。即如俊楠描述："身体和精神已经分开了，不受自己控制了，想干吗就干吗。"这句话的潜台词就是："我可能会做你们认为的一切坏事，但我知道我自己还是好人。"至此，内部的"至善"与"至恶"已经分离得比较纯粹，这不是一个成熟、完整的人格应该有的样子。

假如压力继续增大，内心冲突继续加强，依然得不到外界的心理支撑，他会走向哪一步？会不会激活某种遗传因素的种子，走向分裂，我们不得而知。但我们至少知道，即使是精神分裂症，有时它也是对人内心世界的一种保护。

不管我们的预估如何，俊楠的情况不容乐观，他被送进精神科接受心理治疗。

起初只是需要有个人来理解他，其实不必弄成现在这样。

妈妈爱他吗？爱。妈妈理解他吗？似乎不够理解。

/ 既然你只关心客观原因和客观结果，那我就投你所好，给你一个客观原因，让你无言以对好了。

## 三、理解有理解的态度，请求被看见

在亲密关系中，被呵护、被宠爱是一种人所共知、人所共有的心理需求，但其实还有一种更加强大、更加本源的心理需求，就是被看见、被理解。

当一个人不被他人，尤其是亲密关系中的那个重要人士理解时，感受是极其痛苦的。很多时候，当我们发现自己在乎的人出现了情绪问题，第一反应不是去耐心地、细致地了解他们内心的感受，而是迅速重启他们的情绪，想要立即将他们调整好。这样做，可能在前期一两次会有效果，就像染毒的电脑，头两次重启还能接着用，但次数多了，系统越来越崩溃。这种不被理解的感受，无法逃避，非常压抑，有时当事人自己也并未意识到这种压抑过程的严重性。经过内心深处的层层积压，最终会使人对关系产生绝望。无可选择的关系中，比如孩子对父母，便会产生各种行为障碍、学习不良、情绪问题，以此来表达这种无可名状的潜意识深处的绝望感。

理解，不仅是一种能力，更是一种态度，这种能力和态度的结合，叫作心智化，这几乎是现在所有心理咨询与治疗流派都认同的一个咨询有效性机制。

关于心智化，有很多解释，结合本案例，比较适合的解释是：把人更多地当作一个心理存在去看待，对人的内心世界感兴趣，有一份想去了解的好奇。换一种说法就是：不要把人当作物件，不要把人当作电脑，不要强行重启他的大脑，亲密关系之间，不要总是使用社会规范去限制他的情感表达。

人是一个心理存在，他只有被理解，才能活下去，只有被深度理解，才能活得好。

这就是为什么心理咨询师作为陌生人，能疗愈他人的内心。由于移情等特殊的心理现象存在，使得心理咨询师可以拟制并修复亲密关系应给予而未能给予的深度理解。

这就是为什么哪怕来访者观念偏颇、情绪偏激，心理咨询师原则上都不对来访者进行价值评判，因为需要修复的裂缝，恰恰隐藏在那些猛一听就不值一提的故事当中，这种偏颇与偏激，往往正是问题之所在和治愈之契机。

考试失利后，俊楠对妈妈解释说：“我考得很好的，是学校里的系统出了问题，他们随便乱给我（分数）的。”我们会觉得，这孩子如此地罔顾事实，如此地强调客观原因，都到了睁眼说瞎话的地步，太不应该！

事实上，俊楠是一个十分关注内心世界的孩子。他之所以会选择一个“客观原因”去搪塞妈妈，实在是因为妈妈在与他交往时，给予的高质量、高心智化程度的交流几乎没有。孩子觉得，我最想告诉你的，就是我内心深处从初中时就要说起的烦恼，但你有兴趣听吗？即使你耐心听了，你会联想到这些是我学习成绩下滑、反复违纪的原因吗？既然你只关心客观原因和客观结果，那我就投你所好，给你一个客观原因，让你无言以对好了。

在这种状态下，母子间的交流，心智化程度双向不足，又怎会有高效率与高质量的和解与疗愈，仅仅依靠一次旅游，又岂能扭转乾坤？

但是，俊楠最终得到了治愈，这种治愈，与药物无关，更与精神障碍的专业治疗无关，而是由于特殊的契机，治愈他的资源全部都同时回来了。

——疗愈的力量之一：压力的释放，无条件的爱。

不得不说，人在不可战胜的压力面前，提前把事情办砸，实在是一种很高明的策略，因为当所有人都对当事人失望的时候，当事人自己其实获得了巨大的解脱。已经到了退学的边缘，已经被认为有心理疾病，此时学业的压力全部消失，人真正地放松下来，紧张的神经得到舒缓。此时俊楠也以一个病人的身份，获得了妈妈能给予的最好的爱：无条件的爱。你只要不出事，学习好不好，妈妈都爱你，只希望你好起来，再也不拿学习成绩和行为表现来决定对你的态度，就像你刚出生的那天一样。

——疗愈的力量之二：与他人的连接，心智化的力量。

住院期间，俊楠跟兵哥哥们下象棋，听他们聊天，在这里，大家不会介意俊楠的身份与表现，下棋就是下棋，聊天就是聊天，开心、生气、懊恼，都是一种心理的存在，这些心理存在被允许、被接纳，在人和人之间流淌。俊楠被充分地、心智化地对待着，这是俊楠久已缺失却渴望得到的，在这个短暂的相处过程中，俊楠也得到了村庄拆迁之后就已经失去的社会支持系统，即使是短暂的，也是温暖的、滋润的。

——疗愈俊楠的力量之三：与自己待在一起，活在当下。

第二个星期，俊楠出院，“吃的有，玩的有，喝的有，把电脑游戏玩了一个遍，每天睡到自然醒”。这种生活，看上去是放纵的、被溺爱的，但是具体情况具体分析，这也是俊楠最需要得到的。因为这种生活不需要为过去懊悔，也不需要为未来焦虑，是真正的“活在当下”。当俊楠在隔离内心伤痛的过程中，都已经到了身体和精神不在一起的地步时，闭门生活的一个月，他只和自己待在一起，在发乎自然的吃、喝、睡醒、玩的过程中，充分地感受身心的融合，可以帮助自己重新回到一个自我整合、身心整合的健康状态。

有人可能会问，同样是一个人独处，为何以前就是各种负面结果，现在却是疗愈？

答案很简单，因为：压力消失了，妈妈回来了。

/ 删除我经历过的每一个瞬间，我都不能成为今天的自己。

## 四、当资源被看见

优秀的俊楠回来了，他的新班主任卞老师说：“他读书时声音响亮，我们让他做领读。”

听他说起这一段，我不禁在内心暗自叫好！人类生活中的很多行为充满了心理上的象征意义，俊楠回到学校之后最好的表现，是“响亮”，是“领读”，这对一个内心声音一度不被听见的孩子而言，真是最幸福的事情了。真心希望每一个孩子内心的声音，都能够被听见和读懂，有时我们真的不需要能力，只需要态度，或者说，只需要对他们的内心世界保持一份愿意去了解的兴趣，足矣！

学不学心理学，会不会说正确的话，都没关系，只要父母真诚地对孩子的内心感兴趣，就会提前做得比心理咨询师、心理治疗师、精神科医生还要好。

俊楠说："删除我经历过的每一个瞬间，我都不能成为今天的自己。"这句话令人惊艳，这是一个很有自我成长能力的孩子，那么，为什么他糟糕的时候会比一般孩子更加糟糕，而治愈的速度又比一般人迅速，而且主要通过内省完成呢？他有什么特别的资源吗？答案是：他自信。成也自信，败也自信。

俊楠其实一直生活在"无条件的爱"当中，妈妈望子成龙的心，其实并不像其他家长那样迫切，只是后来俊楠表现得太差了，所以妈妈才开始施加压力，此时无条件的爱才开始中断。俊楠的很多压力，从骨子里说，是自己给予自己的压力。这些都是好的资源，因为最好的状态是父母宽松，孩子自己对自己有要求；最糟糕的状态是父母不断施压，而孩子不断逃避。所以我们可以说，俊楠的强大资源和支撑全部都在，但是因为孩子没有被看到、没有被听到、没有被关注到，所以带来很多问题，资源变成了问题，正能量变成了负能量，而它们本来是同一种能量。无巧不成书，录制节目这天，俊楠胸口一个大大的"active"（积极的，活跃的，主动的），就是这种资源的最好注解吧。

有些人就是这样，要么轰轰烈烈死，要么万分精彩活。

## 谁成长了谁

俊楠的青春期故事，让我想起了我曾经遇见过的那个16岁少年小飞。

那年，我36岁，他16岁。

我是一个上有电视信仰，下有责任感、使命感的编导。

他，是一个网瘾少年。

我已经当妈，虽然孩子小到还没上学。

他，已经上学上到不耐烦，休学一年。

上网、电玩、斯诺克、睡觉是他的日常。

在他父母的一个求助电话之后，我和他相遇。

于节目素材而言，他绝对是一块好料：

富二代！用他自己的话说：我不读书、不工作，家里的钱也能养活我一辈子。

网瘾少年！这个身份标签在10年前的电视节目里，绝对是个博眼球的主儿。

有情绪！有性格！这种种元素都是争收视率的必备条件。

看在这块好料的份儿上，我决定“拯救”他！

当年《变形计》刚刚开始走红，我玩不起互换式体验，没那么多预算和那么大的团队，玩个单向体验吧。

想想那个时候真是胆儿肥，什么后果都没有想过，扛着机器设备，我和摄像师，带着这个叫小飞的16岁男孩进山了。

## 【01】各自有梦，一起出发

10年前的冬日。

早上8点不到，小飞和他的父母如约在电视台一楼大厅等候，最抢镜的是他们一家人脚下的大袋小包，让我怀疑超市搬家了。

小飞向我介绍说，一包是学习用品，一包是给东家弟妹们带的食品，一包是洗漱用品，最大的一包是自己吃的零食，另外还有一个背包装着御寒的衣服。

临上车前，我坚持不允许把食品带上车。小飞似乎无所谓，妈妈以为我没注意，偷偷地往小飞包里塞了一袋“怡口莲”（车出发后不久就被我没收了）。小飞坐在车上，脸冲着车窗外，全然不顾正在抹泪的妈妈和抽着闷烟的爸爸。他告诉我说：“今早凌晨2点多还在上网，爸爸硬是拔掉电源插头才罢休。”

车一发动，他便进入了梦乡。

3个多小时后，进入安徽皖南山区，盘山土路又窄又陡，一路颠簸，把小飞颠醒了，他兴奋地望着窗外，自言自语来了句：“太好了！”

太阳落山前我们顺利地到达目的地——深山腹地的储家。司机把我们放下，开着车转身一溜烟回去了，身后留下了我、郝兵和小飞。

望着屋外连绵的山峦，我也很期待。

长这么大，我还没有真实地、真正地深入农村生活。想想即将开始的田园生活，想想即将利用大自然的力量尝试“改造”一个“网瘾少年”，想想很快我就要交出一个漂亮的收视率，心里暗自鼓掌。

## 【02】Day 1：谁说孩子叛逆？分明是名暖男

东家姓储，是当地政府应我们的要求，精挑细选出来的，年收入不足万元，独门独院，家有一儿一女。

我们到达时，男主人不在家，女主人只会笑，话语不多，两个孩子似乎也不知如何接待远方的客人，站在一边不知所措，回答问题的时候倒是落落大方。女孩子叫灵巧，14岁，读初二；男孩子12岁，读小学六年级。灵巧带着我们进入各自房间，安顿好行李物品。

郝兵要布置摄像头，他把摄像机塞给我，让我把孩子们给支开。

我让灵巧姐弟俩带着小飞参观屋前屋后的山头、田头。

举目环顾四周，除了山就是巴掌大的梯田。

小飞开口说了第一句话："我要出山！"大家笑笑没理他。他站在一棵孤零零的树下，面对着连绵的群山，说了第二句话："如果在这儿放台笔记本电脑上网，多爽啊！"这句话他说得很大声，不知是想配合我录音，还是真的来了诗意，声音冲击波的力量足以展现他的雄心和梦想。

灵巧姐弟俩似乎没听懂，也没啥反应，接茬说："爬山去吧！"小飞立即来了兴趣。

我跟在最后，渐渐地被他们甩下很远。一会儿灵巧他们就消失在山林里，我急得拼命叫着灵巧和小飞的名字。小飞答应着，回头来接我。看到他，我顿时安心了，挥挥手让他先走。

小飞走在前面，不时地回头等着我，看我走近了，他又不吭声地往前走，他有点儿像猫，你一靠近，他又跳脱开去。

很快无路可走了。大家席地而坐，默不作声。

寂静的山谷里回荡着小飞手机短信的急促声，小飞说是给女朋友发短信。

山里的信号时断时续，小飞很无奈，干脆把手机里的歌曲放到最大声。全是重金属摇滚，撕心裂肺的呐喊声，听得让人躁得慌。

静坐一会儿，山风一吹，爬山时的热汗早就被吹干了，一阵阵寒意袭来。我赶紧让孩子们下山。孩子们很听话，默默地起身，默默地拍拍灰尘，默默地往回走，又默默地甩下我，走得无影无踪。

拐了个小弯，看见小飞在一堆枯草旁等我，心里温暖了许多。

等我靠近枯草堆，小飞猛地喊了一句："姐姐小心！"我吓了一跳，脚下一滑，重重地摔倒在茅草堆上。小飞没拉我，站在一旁淡淡地说了一句："我就在那儿摔了一跤，我等在这里想提醒你的。"多贴心的小暖男啊，为啥他亲妈那么"嫌弃"他呢？

回到储家，已近黄昏，夫妇俩在张罗着晚饭。

摄像头出了点小故障，录制10分钟后机器自动保护，停止工作。机器设备藏在主人家的阁楼上，郝兵必须爬上去进行人工操作，强行开机。这么大动静还不能让小飞发现，郝兵又指示我赶紧想法儿把小飞引开。

天都黑了，主人家就这么三间屋子，把小飞引到哪儿去啊？算了，打发小飞烧火去吧。

后来得知，我和郝兵的鬼鬼祟祟，早就引起了小飞的警觉，他很快发现了挂在屋梁上的摄像头，然后装着不知情。难怪这家伙一进入监控区域就懒懒散散的，连话都不肯多说一句。

第一顿晚饭，灵巧亲自下厨，炒了一盘胡萝卜丝，还有一个是当地的土火锅——肥肉炖咸菜，另一小碗装着自制的辣酱。

储家姐弟俩就着辣酱拌饭，他们说平时就这么吃，没有菜。土锅里的肥肉“咕嘟咕嘟”地冒着油，没有人动筷子，我们将就着把咸菜吃掉。之后的几天里，这土锅里的肥肉还是那些肥肉，只是菜的花样不停地在变化：这顿是咸菜，下一顿可能是萝卜秧子，地里长什么，东家就拔出什么，往肥肉堆里一丢，用熬出来的猪油“咕嘟咕嘟”地炖着，就是一锅菜。

唉，我这是何苦来着！天真地以为把孩子往苦地方一扔，让他断掉往日生活“链接”，就可以让他改头换面，重新做人。好像当时，10年前，大多数父母都这样以为，我也没有免俗，节目更没能免俗。

这边刚吃完饭，那边主人家就开始张罗洗漱了。难道要睡了？才18：30呢。果真不假，是要睡了。入乡随俗吧，晚上8点多钟，四周一片寂静，连狗都不叫一声。睡觉前，我把小飞的手机没收了。

小飞听灵巧说第二天一早要去县城取成绩报告单，便自告奋勇地说要陪，我知道，“醉翁之意不在酒”。

## 【03】Day 2：进城过把网瘾，大家相安无事

第二天一大早，郝兵告诉我说，要继续修理那个其实早已被小飞发现的摄像头。所以，他郑重地把跟拍任务交给了我。

这才5：30啊，天啊，这么早！但是举目望去，远近人家的烟囱都飘着炊烟，鸡鸣狗吠的声音此起彼伏。显然，山村已经醒来。

我拎着摄像机，带着小飞和灵巧奔了4里地赶班车。村子和镇子之间的联系就这么一趟班车，早出午归。

中巴车在山间土路上跳跃着前进。眼看着朝阳就像电影里那样慢吞吞地从林梢间爬出来，原生态的美景让我激动不已，只得用抖动的摄像机胡乱地拍了一通。

果然，小飞心不在焉地把灵巧送到了学校门口。待我稳稳地拍完灵巧消失在学校大门背影后，一转身，看见小飞已经在马路对面的小超市门口了。我凑近听见他在问老板："网吧在哪儿？"

今天是第二天，我还算是在职业范围之内，没有任何干涉，只在一旁默默地记录。

跟着小飞进了网吧，几乎所有的人都抬起头，警惕地瞪着我手上的摄像机。我灵机一动，跟老板打招呼说："我是他姐姐，要跟拍他的寒假生活，算我的作业。"老板很爽快地答应了，但不允许多拍。

感觉拍的镜头差不多够了，我和小飞约定再过一个小时在门口会合。

约定的时间已到，我左等右等不见小飞人影，只得上楼去请。在老板的帮助下，小飞很不情愿地出来，一路无话直奔车站，被告知班车晚点一小时，小飞顿时来了精神，匆匆丢下一句："我再去趟网吧，去去就来。"说话间，他已消失在人群里。

这次小飞很守时，估摸着开车的点儿，自己回来了，不一会儿灵巧也

到了。

下午，我又撺掇灵巧问小飞几道数学题，小飞碍于摄像头的面子，强打精神说了几句话，趁我不注意便趴在桌上睡着了。我担心他感冒，后面几天的戏没法拍，亲妈附体，体贴细微地劝他脱掉外衣、盖上被褥好好地上床睡上一觉。

## 【04】Day 3：设计任务，强制执行

大清早，我和储师傅像开策划会一样，看安排小飞做哪些农活，要求活儿轻动作好看，又能“挽救”小飞，还可以顺便唠唠，对小飞进行人生教育。储师傅虽然文化程度不高，但理解力很强。

他说：最轻的动作活儿就是拔萝卜了。好！咱就去拔萝卜！

开工的时候，太阳还没有完全出来。轻纱般的薄雾在山间林梢缭绕，我们仨，还有两头牛，已经慢吞吞跟着储师傅来到屋后的田间。

储师傅指点着小飞拔萝卜，哪些可以拔出来，哪些要留着：“拔小的，叶子一看就不行的……”小飞手脚飞快，他已经渐渐熟悉了镜头，有了镜头感，时不时抬起头，对着镜头微笑一下，或者举起一个小萝卜秧子。到底年轻力壮，不一会儿两大竹篮子全部装满，储师傅挑着担子满载而归。

回到储家，小飞重重地往床上一躺，拉直了胳膊腿，大声喊叫着：“累死了呀！”

而此时，储师傅一家在厨房默默地将萝卜带叶子一起剁碎。

我急了，说好的“动作片”呢？小飞躺床上算哪门子事儿啊，便怂恿储师傅去叫小飞来切萝卜。储师傅来到屋里，硬生生地对着床上的小飞喊；“走，跟我切萝卜去，中午要煮出来，猪要吃！”

什么？难怪要拔营养不良的小萝卜，原来是给猪吃的！

储师傅说，这两头猪是两个孩子的学费，是家里最值钱的宝贝了，宁可人天天就着辣酱拌饭，也不能让猪吃得寡淡。

小飞躺在床上说累了。储师傅不依不饶地重复那句话，小飞火了，“啪”的一声，狠狠地一拍床沿，弹跳起来，跟着储师傅去厨房。

小飞心不甘情不愿，很明显，他在抗拒做这件事。储师傅一旁着急地催。

小飞才不管那么多，双手抡着菜刀，边剁着萝卜，边骂骂咧咧：“你个猪，切切切，切你个猪……我剁死你……”

看着这些堆成小山的萝卜，我直咽口水，真的不想再吃那个肥油土锅了。

这回，小飞真闹情绪了！

我一看不对，又撺掇灵巧姐弟俩下午带小飞去哪儿转转。姐弟俩提议去看水库，但来回要走4里的山路，还要穿过一个黑乎乎的山洞。小飞一听来了精神，说没问题。

钻山洞，打水漂，小飞玩得不亦乐乎。他说：“今天下午最开心！”

但我急啊，这孩子如果没有啥变化，没有矛盾，没有冲突，没有前后对比，没有高潮，这场戏可怎么继续下去呢？

## 【05】Day 4：“我只管现在，不想将来。”

第四天一大早，小飞跟着储师傅上山去砍柴。

许是昨天下午玩得很开心，小飞很配合，认认真真砍柴，认认真真再把树枝、树干劈成柴火，堆起、码好。小飞对着镜头伸出手掌：“看，三个水泡。”

小飞穿着储师傅的西装，腰间系了根麻绳插了把镰刀，再加上他那红彤彤胖乎乎的脸，活脱脱一个小山民。我忍不住地笑，小飞却是一副有气无力的样子。

砍柴、劈柴，忙到晌午，吃完午饭，大家懒洋洋地晒着太阳，邻居王华过来串门。

王华是个长得挺精神的帅小伙儿，也是我这辈子亲眼见到的第一个真实的猎人。眼见着奔30了，还没个女朋友。听灵巧妈妈讲，他曾因为迷恋电游，读到初二就辍学，现在后悔不已。

正好！太好了！我一拍大腿，一个很好的典型励志教材就这样诞生了。

我把王华拉到一边，拜托他下午带小飞去打猎，顺便跟小飞现身说法，聊聊人生，谈谈理想……很快，我们仨跟着全副武装的王华出发了。

王华说，冬季的山里没啥吃的，野猪就会下山蹿到田里来刨食，这个季节正是套野猪的好时机。王华带我们去野猪的必经之地下套。

按理，打猎、下套是男孩子们喜欢的事情，我也自以为是地觉得小飞会喜欢这些城里压根儿就没有的玩意儿，可是小飞一直以无精打采的状态示人。

王华在山林间如履平地，我们仨只能借助身体的各个部位连滚带爬地跟在后面。可怜的郝兵还要腾出一只手握着摄像机紧盯小飞。

真的好佩服王华，他能从密集的落叶中看见野猪的脚印，能从脚印里看出这是公猪还是母猪，大概什么时候从这儿路过的……

王华开始讲解怎么下套了，郝兵的摄像机专注于王华的特写。

咦？小飞呢？这时候应该有小飞的特写啊，理想的特写是他有一双好奇的眼睛和一脸的无限憧憬。

我转身在一棵树后找到了小飞，他正耷拉着眼皮懒洋洋地抠着树皮，我喊他："来看下套啊，多有意思啊。"

"我想上网，我想上网。"他依旧抠着树皮，嘟嘟囔囔着。

我瞪着他，气得半天没说上一句话。

那个火啊！真想把他变成野猪埋进那个套子里算了。

下套工作结束，王华招呼小飞就地坐在石头上，如我所愿，开始跟小飞讲他十五岁时候的青春往事，最后的落脚点收在“后悔”二字上，后悔当初没有好好念书，初中文凭都没有拿到，进城找不到一份像样的工作，加上现在狩猎有很多限制，没有文化寸步难行。

郝兵远远地调着镜头，我戴着耳麦监听，不禁暗自为王华点赞。

耳麦里继续传来王华的声音：“你现在这样，我不希望你将来像我这样天天后悔。”

同样传来了小飞的声音：“我只管现在，不想将来。”

这孩子，咋这样呢！真没治了？

我的大脑快速运转着：这期节目的结尾将如何收场？是以喜悦地宣布小飞“戒网瘾了”算成功，还是以小飞在网吧里喜悦地继续上网算成功呢？我能接受哪一个结尾呢？我的心里突然发慌了。

王华的野猪套逮到一只野兔，他力邀我们晚上吃兔子打牙祭。

太阳还没下山，大家忙完了一天的活儿，继续坐在门口晒夕阳。

小飞要走了手机，说是要给爸爸妈妈打个电话，我以为他想家了，毫不犹豫给了他。

只听得小飞房间里传来“当当当”的声音，这个声音我太熟悉了，来的第一天，他收发短信就是这声音。我想找他要回手机，他说还没有和爸爸联系上，等联系上了再给我，至于什么时候联系上，那就再说了。

我试图压住火气，转身出门。

但是那手机的“当当”声越发密集，挑衅着我的耐心、我的神经，终于，我忍不住了，一脚踹开主人家那可怜的木门，用手指着小飞，骂了句粗口：“你怎么就说话不算数？不是给你爸妈打电话吗，怎么发短信了？”小飞也一下子爆发了，猛地把手机摔在地上，带着哭腔喊道：“我没有发短信，骗你不是人！”此时我根本就失去了理智，同样喊道：“手机摔掉好，这样大家都省心！”

郝兵正在屋外抽烟，听见吵闹声，拎着机器跑进来，错过了我的暴脾气，忙不迭地对着地上的破手机一通猛拍。

我扭头跑出屋外，站在夕阳下，望着眼前沉默不语的山峦，觉得更加委屈：“这孩子，怎么就没点让人欣慰的变化呢？我这样吃苦受累为了谁啊？为了我的节目？呸，没有这个体验环节，我照样能做啊，我长这么大还没有在农村待过这么长时间，我真是吃饱了撑得慌，我又不是他妈，我操哪门子的心……”委屈的眼泪止不住往下掉。眼泪流完，哭泣停止，事后一想，自己还真不知不觉当了人家的妈。

小飞愿意跟我进山，可能重点是为了逃脱父母严控的掌心，但没想到，我以工作为名外加“为你好”的亲妈强迫法，处理我和他之间的关系，现在想来真的很low（低级）。大多数时候，很多个人主观臆断，也许是我的解药，也许同时就是小飞的毒药。

夜，我装着若无其事的样子来到王华家赴宴，借着杯中的酒，我向小飞道歉，我看到了小飞脸上矜持的表情，我猜小飞心里肯定来这么一句：“装啊！”

当然要装！我就要装出无所谓的样子，就要让你知道我拿得起放得下，就要让你知道成年人装也要装出复杂的模样。没有成人的复杂，哪儿来世道的变化多端。端的是“装”而非“庄”！

郝兵和王华不停地劝小飞喝酒，看得出来郝兵和王华想把小飞灌醉，索性断了他想上网的念头，小飞的自控力很强，说不喝就是不喝，滴酒不沾。王华说漏了嘴，自称曾经通宵走了35公里的山路，去县城打电游。小飞一听来精神了，死缠烂打地要王华带他走通宵的山路去县城上网。

看着小飞一副无可救药、“毒瘾”大发的模样，我强忍着没发作，借口胃不舒服早早告辞。不一会儿郝兵跑来说小飞不肯回房休息，口口声声说今晚必须要有一个人陪他去上网，不然他就一个人走。

我一听，这早已跃跃欲烧的火苗终于升腾起来了。

我左手操起电筒，右手拎起摄像机对郝兵说："你先回去，我去叫小飞。"

来到王华家屋外，一轮冷月孤零零地挂在山头。山谷里很是寂静，屋内小飞和王华的说话声我听得一清二楚。

听见小飞说："我不管，你今晚要陪我去上网。"

王华口齿不清地回应着："你大哥我今天喝多了，不能陪你去，这样吧，你要是12点能把我叫醒，我就去。"

"我今天就坐在你家，等到12点。"小飞的声音很坚定。

"鬼呢!"我心里暗骂了一声，一脚踹开木门（突然发现自己像个女土匪，动不动就踹门，可能潜意识里想踹人），直接把摄像机对准惊愕的小飞，冷冷地，用毫无感情色彩的语调说："你郝哥吐了，发烧了。"

小飞二话没说，起身就走。巧了，郝兵还真的在家门口狂吐，转身进屋又吐。小飞不言不语，出门找了点灰，把郝兵的呕吐物扫掉。等到小飞洗好，进了被窝，我命令他把身上所有的钱都交出来（我真的害怕他仗着有钱，半夜了跑掉）。小飞倒也干脆，把身上的钱掏了个精光，然后毫无牵挂地睡觉了。

郝兵还在厨房里洗漱，我奇怪怎么用了这么长的时间，担心他真会醉倒在灶台旁。我进了厨房，发现郝兵正在抽泣。

一聊才知道，今天是带着他长大的外婆动手术，也许是今生最后一次手术，全家老小已经聚集在老家，独缺郝兵一人。

我一言不发，收起尚未关机的摄像机又转回到房间低声对小飞说："你郝哥发烧，晚上你照应着点。好好休息，我保证明天一早就带你进城去上网。"说完，把药搁在桌上，退了出去。

这时候，我强烈地感觉到，我们三个人在大山里是如何地相依为命。我开始问自己：为什么要到山里来?

## 【06】Day 5：长大，是冲破云霄的力量

又一个清晨5：00。

冬季的山里再一次响起鸡犬的喧闹声，家家户户的屋顶再一次炊烟袅袅。这几天，天天起早，我也习惯了。草草地吃过葱花清水面条，我们仨坐上了班车，再次一路颠簸进县城。

出发之前，我跟小飞说："你今天试着到县城找找工作，赚到多少钱，就上多少钱的网，哪怕赶不上班车，我包车回都行。"听上去，我是多么大气，但小飞很平静地"哦"了一声。我以为，这个就是双方的约定，于是非常期待接下来未知的"预设"状态。现在想来，这个"我以为"真是个害人的"自以为是"。

到了县城，我和郝兵故意不理他，远远地调长焦距拍摄，小飞漫无目的地在大街上转悠，我们也跟着在他身后晃悠。郝兵的打扮最引人注目，穿着红色工作服，背着黑包，手里端着摄像机，怎么看怎么像端着一把枪盯在小飞身后。在一座山里的小县城，我们的回头率很高，而我则关注着小飞每一个动作。

小飞熟门熟路把我们带到上次去过的网吧。到了门口，他突然转身，径直向我走来："姐姐，把钱给我。"

我那个恼啊："自己去挣呀，这不都事先说好的吗？"

实际上我也料到他可能找不到所谓的工作，便委托这次行动的中间人李大叔在他负责的宾馆里，安排小飞洗洗碗、洗洗菜，等我们镜头拍差不多了，就给他10元钱，这样可以上5个小时的网呢。哪知道，这孩子……唉……打乱了我美好的计划、打乱了我对镜头的掌控、打乱了我的思路，乱了，我的脑子"腾"地一下就乱了。

看我没有给钱的意思，他一头冲进网吧，嘴里还嘟囔着："拍拍拍，

我看你们怎么拍!”看样子他火了，我也抢过郝兵手里的摄像机跟着冲进网吧，我怕郝兵这身行头露馅儿。

小飞拐进厕所。我则冲到网管跟前，急吼吼地说：“阿姨，还记得我吗？我弟弟要来上网，他身上没有钱，他以为我会给钱，你别给他上，我一分钱都不会给。”网管答应了，也许网管已经见多不怪了。

小飞从厕所出来，看我提着摄像机，“器（wài）宇（qiáng）轩（zhōng）昂（gān）”地站在走廊中央盯着他。他狠狠地把拳头砸向墙面，扭头盯着我，眼神之狠简直让我窒息。

“你别逼我，我什么都做得出来。”很快，小飞一字一顿地吐出这么一句话，他那张铁青的脸上，五官拧在一起变了形。

我们在网吧的走廊上僵持了几乎一个小时，网管也时不时过来劝他离开。

小飞突然急转身，飞快地下楼，在马路上狂跑，我在后面紧追。在楼下等情况的郝兵一看不对，立即跟上来。于是，在这个不大的县城里，有这么三个人上演了一幕“速度与激情”。

这是一座山城！小飞尽挑上坡的地儿跑，我和郝兵哪儿跑得过他啊，眼见着距离越拉越大，我让郝兵把镜头推上去，总之不能让小飞从我们的视线里消失。终于，小飞也跑不动了，扶着一根电线杆直喘气。

郝兵追上他，跟他谈；我追上他，跟他吵。

当了这么些天的山民，估计我的形象也山民了，扯着嗓门冲小飞嚷嚷：“网吧给你带来什么啊？你的幸福？你的未来？你的所有？”潜台词是：“我对你这么好，还不如一个‘网’?”

小飞铁青着脸不吭声，郝兵很适时地唱白脸，哄着小飞顺顺气。

真是佩服郝兵这么多天来能一直这么温柔。

昨晚收小飞的私房钱时，我心存善念，给他留了1元钱，没想到这1元钱还给他创造了一个机会，小飞说1元钱可以给爸爸打3分钟的电话，希望爸爸帮他往游戏卡里充值。小飞在路边店打电话的时候，我担心他爸爸一个把持不住真会给儿子充值。我当时就想好了，如果他爸真充值了，我立马收工，让他爸自己过来接儿子回家。

还好，小飞没有打通电话，摔了电话到一旁生闷气。没办法了，只得跟着我们走。

我通过中间人李大叔在县宾馆安排好吃住，打算今晚就不回储师傅家了。

眼看快到宾馆门口，小飞终于爆发了，毫无预兆地把杯子狠狠往地上一扔，步步紧逼着朝我要钱！我也崩溃了，这要是我儿子，早就一脚飞过去了，问题这不是我儿子啊，碰都碰不得，算了算了，我投降吧，大家都轻松。

我从兜里掏出10元递过去，小飞来一句：“对不起，我要上三天三夜，把所有的钱都给我！”

我也来劲了，把钱收回：“对不起，我们今天就回南京！”

“对不起，我肯定不回南京。”小飞看上去很拽。

我心想，你太得寸进尺了，给你解解渴就行了，还把水桶也要走，可恶！

郝兵又赶紧过来唱白脸，搂着拍着小飞称兄道弟说，有什么事情到宾馆安顿下来再说，在大街上这样闹，不是解决事情的样子啊。

小飞很吃郝兵这套，跟我僵持了一会儿，转身跟着郝兵进了宾馆大门。

我先打电话给小飞爸爸，怎么我一打就通了呢？我把发生的事情告诉了小飞的父亲，并决定立即收工回南京。

把电话递给小飞，小飞和爸爸在电话里用方言吵了起来，我真没听懂。

这边，小飞妈妈打电话给我说：“你就先给他10元钱吧，让他过把瘾再说。”到底是亲妈。

我赶紧给了小飞10元钱，叮嘱他不得离开网吧半步。小飞面带笑容离去。

剩下的时间，我找了辆车回村拉行李设备。左右邻居都很奇怪：“怎么这么快？说走就走啊？这孩子没救了！”

5个小时后，小飞心满意足地回来了，向我宣布将要上通宵网。OK！没问题！我把他的私有财产统统还给了他，了却他的心愿，也断了我要“拯救”他的心思。

这时候把小飞放在网吧里，比任何地方都安全。

一个人，静静地躺在舒适的宾馆里，这些天拍到的镜头，没有拍到的镜头，如梦境般一一闪回，这些回放的镜头让我看见了一个不能免俗的自己。

这是一个看上去很失败的纪实节目。郝兵的镜头，老老实实地记录了我和小飞相处的这5天。从相遇、相识到相杀，到他充满着胜利的喜悦，到我身心疲惫的沮丧。

小飞的成长是那样肆无忌惮、力量强大、真实而自然。

而我，和太多的父母一样，有着太强的控制欲望，不尊重孩子的这种生命欲求，甚至不顾一切地将自己的意志强加在孩子的头上。然而，不管成年人的控制欲望多么强烈、控制能力多么强大，孩子的这种生命欲求不会消失，它会以各种令人意想不到的方式表达出来。

很多事情，其实当我们走过之后再回首，才能看到对与错，才能知道无形中伤害了很多人。没有打脸就没有成长。自以为是的家长式控制欲，在一次次打脸中皮开肉绽，然后结痂成长。

每时每刻的躁动和不安，是小飞的青春，是我的成长。

## 后记

（一年之后）

时隔一年，节目做了回访，我在一所技术学校里见到了小飞。小飞说从山里回家后两三个月，天天上网自己都觉得无聊，便让他爸找了这所学校。女朋友还是原来的，没换，妈妈乐得轻松，把管理小飞的活儿全权交给了小女友。小飞说从山里带回了一个好习惯，一直坚持着，就是天天起床自己整理床铺。

（三年之后）

渐渐地，我和小飞没有了联络。从山里回来后的第三年春节期间，我的QQ一直在闪，是小飞！他跟我打招呼，问候新年好！我诧异他怎么这么懂礼貌，他回了一句："就你们这些大人认为我坏。"后面跟着一个小鬼脸。仅仅是一句话而已，把我们这些所谓的成年人的自以为是戳得一针见血。

因为学的是通信技术专业，毕业后，小飞就在中国移动公司下属的某单位负责电缆维护，多少年了，女朋友一直没换，他自称自己是专一且懂感情的人。现在也不太上网了，更别提网瘾和游戏了。"我现在就想着工作、赚钱、结婚、养家……"

# 05 我为星狂

人生那么长，如果连自己是谁、自己该成为什么样的人都搞不清楚，就犹如一具空壳跟在“星光”身后。

我为星狂

## 故事梗概

有一项调查数据显示，在北京、上海、广州，追星粉丝比例分别为5.38%、3.87%、3.45%，占据全国前三名，而在粉丝中，青少年占比为47%，成为追星的中坚力量，其中中小学生占比为20%。

节目中，14岁的初中生小钰（化名）讲述了一年间追星的心路历程：追星很快乐，平时在街边看到他的广告牌，或者在一些商店里看到有卖关于他的东西就会很激动，总是会留下来多看两眼，不肯走。平时和同学们谈到关于他的一些事情，也是不想停下来的感觉……同时也分享了因为要看一个歌星的演唱会，一顿饭只点一个菜，省吃俭用就为了买一张昂贵门票的故事……

### 我们追的都是榜样吗？没那么简单

为何有的孩子会那样疯狂追星、爱上偶像，而也有一些同龄人从来不追星，或者说，追得没有那么疯狂呢？他们的区别在哪里？人们常说，疯狂追星的孩子心智不成熟，这种说法有没有道理？

/ 榜样可以是偶像，但偶像未必都是榜样。
/ 心理学中，有一个“直接兴趣”与“间接兴趣”的区分。
/ 为何追星使人疯狂？

## 一、最理性的追星，“他是我学习的榜样”

本期节目现场专家王虹老师在谈到自己女儿的追星状况时，提及“追韩国的两个……”，假如没看字幕，我们的第一反应可能会联想到当红韩星。当再出现“花样”二字时，几乎可以确凿认定是韩国的男团组合。可是随后，竟然画风一转，是“花样滑冰的冠军”，并且王虹老师的女儿“也是从事这样的一个运动”。对此，主持人说：“她的偶像就是榜样，是她能学习和追赶的一个榜样。”

榜样可以是偶像，但偶像未必都是榜样。心理学中，有一个“直接兴趣”与“间接兴趣”的区分，同样是喜欢收看拳击比赛，甲平时自己也练习拳击，甚至身体状态都一直保持着业余拳手的水平，他收看拳击比赛的动力，就来自直接兴趣。乙平时从不运动，更不会去亲身体验拳击的感觉，但他就是喜欢收看拳击比赛，这种兴趣，我们便称为间接兴趣。对直接兴趣者而言，偶像的人格魅力固然也很重要，但专业水平更是排在第一位的，像王虹老师的女儿，视自己所从事领域的世界冠军为偶像，更多是来自对其专业水准与成就的认可。对间接兴趣者而言，追星活动似乎则包含了更多的心理内容，追星者不再将偶像的专业成就放在首位，而是更具备一种将偶像的价值抽象化、心理化的能力。也就是说，一名青春期的孩子喜欢一个明星，未必是因为他有多强的能力，也未必是因为他有多大的艺术成就，而是因为他的某个特质能够满足孩子特定的心理需求。这样去看待追星现象，就不难理解，为什么很多演技平平甚至被人诟病的年轻影视明星，一样可以拥有庞大的粉丝群；同时也可以解释一个现象，为何追星使人疯狂，为何一些年轻人愿意耗费巨资，贴上时间，无怨无悔地为偶像呐喊、支援、助威。

/ 类似于爱情的疯狂追星，为何在青春期独有？

/ 我喜欢他，要什么回报？

## 二、最疯狂的追星，“他是我爱慕的对象”

追星，不全是追赶，还必须有仰视。

追星当中，有一种很特别的心理，在日常生活中比较少见。这种心理就是：“我只要能为他付出，就满足了，不敢想也不需要他的回报，假如他能知道我在付出，假如他能叫出我的名字，那真是比什么都开心！”这使得整个追星活动有种夸父逐日般的悲壮，明知怎么付出也不会有对等的结果，但根本不在乎！或者说，被允许为他付出，本身就是一种回报！就算自己平时跟家人、朋友相处时有点儿以自我为中心的孩子，在面对偶像时，都完完全全地放弃了这个自我中心，而完全以偶像为中心。这让很多成人感慨：真正治好这些“小皇帝”的，是偶像。

低到尘埃，不求回报，对他跟对所有人都不同，愿意为他改变自己的性子。细数一些疯狂追星中的人的心理特征，我们惊讶地发现，其实，这不就是爱上了吗？

是的，有一种追星，就是爱，和爱情没有本质的区别，爱上了一个人，心被他拴住了，那是愿意把自己低到尘埃里的，就算一直是公主，也会瞬间变女仆，因为那样才过瘾，那样才快乐，那样才是爱，那样才是无悔的青春。

这一种类似于爱情的疯狂追星，为何在青春期独有？这是与青春期的爱情心理特点有关的，最大的一个特点，就是爱情完美主义。

青春期的爱情是不可以将就的，与成年后特别是中年人的爱情在这一点上有很大不同，这就解释了为什么总是这个年龄段的孩子追星最疯狂，而基本上看不到中年人追星，因为中年人的爱情观是：无须完美，可以将就。

这种爱情完美主义，表现之一是会因为某个小小的瑕疵而轻易地否决一个人，心仪一阵子之后，突然没了感觉，这在校园爱情中较常见，因为大家都是不完美的；表现之二是一旦喜欢上某个对象，便特别不能忍受他身上某个不好的地方，多方制约，试图改变，就算“组了CP”，也多以不快分手；表现之三是发现其缺点之后，刻意否认，视而不见，这种情况在追星中比较多见，当偶像出现负面新闻时，哪怕证据确凿，铁杆粉丝也会拒绝承认，并认为是“有人要害我的爱豆”。过于完美的爱情观，使得青春期的孩子会将爱的能量投注向偶像，因为偶像是完美的。偶像只是一个片断式的存在，在影视作品中、在歌唱现场、在见面会上，偶像的帅气、靓丽，来自签约机构的千挑万选；偶像的星光灿烂，来自于签约机构的层层包装；偶像的人格完美，来自公关团队的鼎力运作。这些从商业的角度而言无可厚非，但这些资源，都不是一名青春期的普通孩子可以拥有的，将爱情的能量投注到偶像身上，是最不容易失望的，因而是最安全的，因此，我喜欢他，要什么回报？

对家长而言，似乎这个选择也是安全的。家长、老师对青春期的爱情一般是不接受的，大家普遍认为孩子不宜在青春期拥有比较正式的爱情，理由是恋爱影响学习、心智尚未成熟、责任意识不强、未来不可预测，等等。在这个过程中，有一部分听话懂事的孩子确实能够调动内部“升华”的心理机制，将注意力转移到了学习上，比如“我要和我的女神考进同一所大学”。而还有一部分孩子，作了另一番升华，将爱投注到更加遥远的“星”空，那是一片在成人眼中比较安全的天空，因为太远，远比邻家的异性孩子安全得多。很多时候，我们将孩子追星定义为兴趣爱好，这让我们安心很多，并给予较多的宽松。

但并非所有的追星都是因为爱情，很多孩子追星，是因为一个更大的、更普遍的原因。

/ 为什么总是说追星的孩子心智不成熟？

/ “粉丝”这个词，更多是融合，心理意义上的融合。

## 三、最深刻的追星，“他是我心声的代言”

多年前有这样一则新闻引发了不小的争议：一位很受青少年喜爱和崇拜的台湾歌手，演唱会期间在一名男生递来的海报上签名，一时兴之所至，签下了一个字，只有一个字，这个字指代的是男性的外生殖器。对此，各路媒体大加讨伐，公众舆论全面批判，罪状主要是“侮辱歌迷”。就在事件持续发酵的过程中，突然发生了戏剧性的一幕，当事男生站出来说（大意）：“这是我的偶像给我的签名，这个字不是侮辱，而是只有我和他才懂的一种态度，一种面对生活的自信，他还是我喜欢的偶像！

“是的，你们不懂我和他，因为他是我们青春期的心声代言人！

“这个字，不是名词，而是形容词，它指的是酷酷地、满不在乎地、洒脱无比地面对生活，你们压根不懂，也不允许我那样。拿到这个仿佛设了密码一样的文字，正因为你们不懂，我感觉和他内心的距离反而更近了。

“你们不懂我，不懂我们。我们对待生活的看法和态度，有很大一部分与你们不同，但我们不能说、不敢说，因为你们一定会反对。但是现在有人替我们唱出来、喊出来，我们怎么会不喜欢他？因为他就是我，我就是他呀！我们融入他，我们加入粉丝团，我们围在他身边呐喊，我们才感受到力量，生命的力量！他不但懂我，还在大庭广众之下给我一个会心的签名，这份不做作、这份洒脱、这份亲切感、这份敢于表达，就是我想要的，也是我希望自己身上能够具备和展示出来的，我只会因为这件事情而更加喜欢他！”

为什么总是说追星的孩子心智不成熟？因为他的独立人格没有被塑造起来，他的个性无法张扬出来，只能通过与另一个更加有胆识、有力量的存在相融合，才能表达出这份独立人格，所以确实不够成熟。

但这不是孩子的错。

青春期的孩子，心理发展的一条主线是“夺权”，即夺回对于自己身心世界的控制权。应该说，这个“野心”不大，因为“我的身体和心理本来就是我的，爸妈给了我生命和身体，我感谢他们，但感谢不代表我就要放弃自己合理合法的权利”。

这个逻辑，相信在成人世界也是行得通的。

拥有对自己的事情发表意见、做出决策、承担结果的权利，人才会对生活、对生命拥有掌控感和安全感，才会满意地认为：“真不枉来世间做一回人！”未来所有远大的志向、抱负与梦想，都是先从对自己身心世界最基本的掌控中得到满足，然后再逐步扩张的。童年时期对自身内部世界掌控需求得到比较充分满足的人，成年后能够善用权利，也能更好地发挥能力；童年时期对自身内部世界掌控需求处于饥渴状态的人，成年后要么继续萎靡，难以获得更多的发展，要么过度索取权利，带来很多问题。

不过这里也有一个现实问题，就是权利与能力的发展速度不一。

权利是生而具备的，而能力是后天锻炼的。权利只有和能力真正相结合，才能成为“权利”。

在文明社会，人一出生就被赋予了很多权利，比如生命权、健康权、发展权等，但大多数无法自己行使，因为缺乏能力。

婴幼儿以及所有没有经济来源的未成年人，他们的生命、健康、发展都需要成人的供给，孩子一出生就有继承权，但不可能独自行使这个权利，所以，未成年人在整个成长阶段，“权利”与“能力”之间总是不配套的、不适应的。这往往也是很多亲子冲突的焦点，孩子碎碎念地叨叨自己的权利：“你凭什么管我?”父母却一针见血地戳到他的软肋：“你翅膀还没硬!”于是孩子们非常渴望能够和一个“翅膀很硬”，但同时又理解自己的强大力量相融合，这个力量就是偶像。

有偶像，有明星，就有“粉丝”，“粉丝”这个词，虽然音译自英文“fans”，但真可谓是天作的双关，因为它代表着一股浓浓的融合意味。

粉丝在中式菜肴当中，是一种特别有融合功能的食材，肉末粉丝、油豆腐粉丝、蒜蓉扇贝粉丝、蒜蓉娃娃菜粉丝、鸡块烧粉丝、蟹块粉丝煲、猪肉炖粉条，麻辣烫、火锅里面更是少不了粉丝。爱上了一个“豆”，就要化成粉去包裹你，变成丝去缠住你，这当中，不全是单纯的爱慕，而更多是融合，心理意义上的融合。这种融合，给了青春期的孩子一种安全感和力量感。这也解释了，为什么明知追星和追女孩不一样，不可能得到对方，还要追，为什么不求回报。因为融合是追星活动中最大的、最深刻的目的，这个目的已经达到，还要什么其他回报?

所以我们会看到，被痴恋的年轻影视演员，大多偏柔情、温暖的格调，就连男星也开始“秀色可餐”，因为他们是孩子们挑选的爱慕对象；而被追捧的音乐明星，则普遍有个性、有主见，因为他们是孩子们授权的心声代言。明星，表面上是机构所包装，但其实，是被追星者内心强大的心理需求所塑造。

## 四、面对孩子追星，我们该怎么办

我们认为，在追星的问题上，首先是要认识到这是特定年龄阶段的特定反应，只要不是特别过分，大可不必干预，随着心理的慢慢成熟、能力感的提升，新的世界不断向孩子打开，追星的内在动力会不断降低或者转移方向。比如像节目现场专家王虹老师的女儿那样，形成一种对“学习榜样”的理性追星，这种追星追一辈子都是有益无害的。但假如孩子当下追星的频率、开支等严重影响了生活与学习，甚至影响了情绪与心理，必须加以解决的时候，可能就要和教育当中面临的很多问题一样，抓住规律性的方面去考虑。这些规律性的方面包括探寻心理意义、引导转化资源、调整亲子关系。

1. 探寻心理意义：孩子有一些心理需求想要被满足，要么是让他能安心地爱一个人，要么是让他能像自己喜欢的人那样表达。无论是爱一个人，还是表达一些声音，背后最根本的心理意义都是一样的，就是“我需要有自己的选择权和表达权”。

2. 引导转化资源：我们可以通过在生活中尽量满足孩子选择、表达的心理需求，从而转移孩子内心这股过于磅礴的追星能量。举个例子，孩子迷上了做直播，喜欢在网络直播间畅快地展示自己，并接受观众打赏。父母会觉得这太不务正业，而加以限制。但从心理能量转化的角度来说，自己都已经在享受着明星感觉的孩子，让他去疯狂追星，可能都未必愿意。

3. 调整亲子关系：青春期是一场“权力的游戏”，在此之前，父母一直担任孩子身心王国的“摄政王”，孩子由于过于弱小，也确实需要父母帮助打理，大家相安无事。但到了青春期，无论从年龄、体格还是欲望哪一方面而言，孩子都萌发出了自己来打理自己身心世界尤其是“内部江山”的欲望，这时亲子双方甚至会因为孩子生活中一点点极小的选择问题而发生冲突、对抗。每当冲突时，父母考虑的总是现实层面的对错，而孩子内心的声音是：无论你说得对还是不对，都请让我自己来做决策，因为，“寡人要亲政了”！

是的，小小年纪的他，要“亲政”了。此刻假如“摄政王”还是赖在

“王位”上指手画脚，便会发生两种后果：一是“小国王”驱逐“摄政王”，也就是反抗到底，拒绝听取父母的任何建议，将他们屏蔽在心理王国之外，这就是很多父母不理解的“好话他也不听”，因为无关乎对错，只关乎权力；二是“摄政王”彻底控制“小国王”，孩子的独立人格再难建立成功，成年之后心理上也充满依赖。

建议父母最好的做法是离开“摄政王”的位置，坐到“宰相”的位置，行使令“国王”安心的“相权”，此时不但相安无事，“国王”反而会反过来多听取“宰相”的意见，原因很简单，只要你不限制他的权力，他就会尊重你的权力，他永远不会真的忘了你是一手将他带大的人。

当孩子和父母在很多问题上都有商有量、彼此接纳的时候，他会深深感受到被一个更成熟、更强大的存在所融合、所接纳，这个存在，就是成人的世界、成人的思维，这个世界对青春期孩子而言，是无比迷人的。当亲子关系在彼此深度了解的水平上相融合的时候，孩子不会有太多欲望再去寻找另一个力量去依附，因为第一，原先需要对抗的“摄政王”不存在了；第二，他融合进入了一个更有力量、更有安全感的世界，这个世界足够他终生探索，并且认真地欢迎他的到来。

制片人手记

## 一场明媚的暗恋

有人说，追星实际上是一场没有结局的暗恋。

但是，当这场“恋”明着暗着来临的时候，无法抵挡，就连智商都不知跑哪去了。

似乎追星这件事儿，如同爱情一样，是个亘古不变的话题，不分时代，不分种族，不分性别，不分国界。是明亮的星星，是心中的偶像，是梦中的理想，便成就了一段飞蛾扑火般的向往。

因其本质就是一场爱啊，有情有义的一场爱！轰轰烈烈的一场爱！镌刻下青春印记，痛并怒放的一场爱！

我2001年开始制作家庭教育类的节目。有些话题，带有深深的时代烙印，随着年代更迭，或停止、或升级。而“追星”这个话题似乎永远没有停止过，一直在继续。

## 【01】我是我，我也为星狂

2003年，遇见了15岁的小冬，当时她上初三。按理说，这是一个紧张的时期，备战备考备人生。就在临中考没几天的时间里，她爽快应邀上我的一档关于“追星”话题的节目，用她的话说，“我要利用一切方式扩大我的偶像的影响力”。

小冬这姑娘快人快语，风风火火，急急忙忙，总感觉有很多的事情在等着她去处理。

小学四五年级的时候，她喜欢上了歌手阿妹，那时候阿妹刚出道两年。

在之后的5年多时间里，小冬搜集了有关阿妹的海报32张，音像资料（那个时候还是盒带）21盒，照片216张，彩页280张。

她说：“我一路走来，有狂热，有兴奋，有深深的迷恋，有傻傻的等待，我深爱着我的偶像，爱得那样任性、那样执着。”

采访安排在小冬家里。小冬房间的门背后，贴着几乎和门一样大小的阿妹的海报。小冬说，这是史上最大型号的海报，好不容易搞到手，贴在门后，是为了每天睡前的最后一眼、每天清晨的第一眼能看到阿妹。

小冬对阿妹在大陆举办的演唱会时间、地点记得清清楚楚。

小冬给我展示关于阿妹的收藏品，但不许我碰，只能她拿着给我看。其间，我不小心碰掉了阿妹的一盒磁带，小冬一声尖叫，立即俯下身，轻轻拿起地上的磁带，吹了吹灰，随手操起台布的一角擦了又擦。让我这个已经当妈的女人站在一旁反而不知所措，感觉我碰到的是小冬的孩子、心尖尖上的肉。

但是，这个细节被我记住。之后在节目中，我特意安排了一个嘉宾在看收藏品的时候，“顺便”碰掉了一些阿妹的照片。果然，我的监听设备里顿时传来小冬高亢嘹亮的尖叫声。

阿妹到南京开演唱会时，正值小冬的月考。但小冬仍然再三央求着爸妈赞助去看演唱会。小冬说：“爸妈也知道，如果不给看，那就会更考不好。”好在小冬的成绩在班里稳定在前十，同时再一次郑重地向爸妈保证看过演唱会以后，成绩不掉队。

月考期间，同学们疲于应付功课的时候，小冬买了20根荧光棒，笃定地坐在内场贵宾席位上，为阿妹欢呼。“套在手臂上，戴在脖颈上，拿在手上，一直摇一直摇，摇到手酸也不放下，直到阿妹朝我这边招招手：哎，我有看见你哟……”

小冬对偶像的喜爱非常直接、非常外露，感情的宣泄也是执着、奔放、无所顾忌。

节目录制那天，我特意找来了伶牙俐齿的电台流行音乐主持人欣悦。果然，访问过无数歌手、明星的欣悦“来者不善”，从她抛出的问话中，俨然没有把小冬当作一个15岁的孩子对待。

1. 欣悦：小冬，我知道你的成绩很好，稳定在班级前十，你的学习动力来自阿妹吗？

小冬：错。小学四五年级刚刚喜欢上阿妹的时候会这么想，那个时候思维比较幼稚，觉得一定要努力学习，这样才可以出名，成为作家或者数学家什么的，这样才可以出名，才可以让阿妹知道我，才可以去认识阿妹。现在的学习动力是自己的未来。

2. 欣悦：你未来想成为怎样的人？

小冬：通过自己的努力，成为一个精神富有和金钱富有的人，“双金人”。

3. 欣悦：阿妹在你心目中排第一吗？

小冬：错。阿妹排第二，排第一的两个人并列，是我父母。

4. 欣悦：为什么流行劲榜中没有阿妹的歌？

小冬：因为她的歌有难度，只有阿妹才能够唱，别人都不敢唱啊。（说到这儿，小冬颇为得意）

5. 欣悦：阿妹的歌唱得好，舞跳得好，跟你有什么关系？

小冬：这就是每个人心里面的一种感觉，需要有一样东西帮你挖掘出来。阿妹就把我内心的这份热情挖掘出来了。

6. 欣悦：如果电台对阿妹有个采访，又恰巧碰到你要考试，你来不来？

小冬：那要看是什么考试了。如果是中考的话，我肯定不来。如果是普通的考试和测验，我肯定来参加。

7. 欣悦：为了阿妹，你连考试这件事都会放弃，你还说不会影响到学习？

小冬：普通考试只是对一个学习阶段进行的一次检测，你不用为我担心。我崇拜阿妹，就要为崇拜做好一切一切的准备，这个准备包括我绝对不能影响到学习。

8. 欣悦：你这么为阿妹撕心裂肺，你为她痴心不改，她知道你是谁啊？你将来考不上大学，阿妹能给你什么补偿？

小冬：虽然她不知道我是谁，但是，我是她千千万万歌迷中的一员。她那个新照片有歌迷，说明她心中就有我，而我知道她心中有我，所以我肯定要好好学习，不能辜负她。

9. 欣悦：你说演唱会上有成千上万的人，别说阿妹看见你了，你喊过她的名字，可是你亲过她吗？你抱过她吗？你得到她给你的一个青睐的眼神吗？但是也许就有别的歌迷有机会拥抱到她，得到她的签名照，你有没有嫉妒、难过？

小冬：我从来没有难过，我还极力向我的同学们介绍阿妹。作为歌迷，当然不能自私，阿妹是属于大家的。

10. 欣悦：你算算，阿妹出道多少年了？现在多大了？时光总会流逝，她不可能永远那样美丽动人，那个时候你还喜欢她什么？

小冬：我喜欢她不单单是她的外表，还有她的内心。我知道她是一个非常非常孝顺的女儿。虽然你说的“变老”可能会存在，但是我真正地喜欢她，谁会在乎她的年龄呢？

节目录制过程中，听着两个伶牙俐齿的人相互不依不饶，我盯着监视器，暗暗叫好。

太喜欢小冬了。虽说她只有15岁，但她活得很明白：

她知道自己将来要成为什么样的人；

她知道自己的学习动力来自哪里；

她知道学习和追星之间的界限；

她知道哪些事情可以大胆去做，哪些事情是原则问题，肯定不行；

她知道自己在追着一个怎样的“星”；

她知道该向老师、父母作出怎样的承诺才能换回追星时的尊严；

她知道应该从星光处汲取怎样的能量、学习怎样的品质。

讲真，这样的小粉丝，别说父母、老师放心，连我都不知在内心点过了多少的赞。

追星，就是这样的啊：

就是与一个从未谋面的人遥隔千里一起变老；

就是把青春封存在偶像的歌里；

就是与TA一起喜怒哀乐；

就是像一个母亲一样了解TA爱护TA；

就是我曾全心全意爱过一个人，后来我们无疾而终，各奔东西，但我无怨无悔。

就是为了TA哭着笑着甜着痛着成长着，这就是青春啊！

有足够的能量去喜欢一个人，也有足够的能量让所有的事情美好起来。

这就是青春啊！

## 【02】我是谁？我的妈妈在哪里

2007年，因为制作一档江苏电台著名情感主持人文岚姐的访谈节目，认识了她的粉丝小Y。

听说小Y从小到大居然没有吃过麦当劳，没有吃过肯德基，我心疼不已，特地把我俩的第一次见面安排在她交通方便的麦当劳里。

小Y是个初中失学的女孩，一直在外打零工。那个时候，小Y一个月可以拿到300元薪水，200元要交给爸爸。剩下的100元，小Y买日记本，买了一部仅有简单功能的手机，方便每晚听节目的时候给文岚姐姐发短信，参与互动。

都说“爱笑的女孩运气不会差”，小Y给我的第一印象极佳，如果好好打扮一下，这是一个漂亮的姑娘、惹人怜爱的姑娘。

一张娃娃脸，两颗小虎牙，白皙的皮肤衬着一双大眼睛，一直面带微笑和我交流，落落大方地回答我的任何问题。

她的谈吐不像失学的孩子，倒像读过很多的书。她说完全是拜文岚姐姐所赐。她每天晚上坚持听文岚的节目，坚持把每一期节目用文字记录下来，形成一篇日记，这一切已经坚持了3年。

小Y的家在一条陋巷中，她的母亲过早地离开了她，改嫁他人。她和常年酗酒的父亲相依为命。

与厨房仅一板之隔的那张床，便是小Y的精神家园，实际上，没有了母亲的小Y便在精神上与文岚相依为命。

每天晚上，小Y坐在床上听节目、写日记。

小Y的日记写得非常工整，每一个字像刻出来的，力透纸背，一看就知道她是用心在写。小Y每写完一本日记，就会寄给文岚。

文岚说，第一次拿到日记时非常惊讶，没有一处涂改，说明小Y一定是写好初稿以后再誊写到日记本上。小Y每天非常认真地在做这件事。“她是我的活字典。我有很多故事自己都不一定记得，但小Y一定记得。”文岚对此充满感激。

小Y操着一口标准的普通话，声线也很好听，语言风格和文岚一样温温柔柔。

当问到她当初为什么会想起为文岚写日记，小Y说：“刚开始的时候，就因为姐姐的一句话。她曾经在电波当中说过，每一个夜晚在电波当中说话，但是有很多的话语都被遗忘在时光的河流里了，遇到过多少的朋友，说过多少的话，自己真的已经不记得了。文岚姐的这句话深深地触动了我，让我觉得我应该为她做点儿什么，把这些东西统统记下来。”

“一个人做一件事情并不难，但是你坚持了3年时间，这是为什么呢？”

“刚开始的时候，的确是很困难，有时候拿着笔也不知道该怎么写，不知道怎样把一档节目完整地记录下来，但是，我一直告诉我自己，我一定要坚持下去，因为这可能是我唯一能为姐姐做的事情了。后来慢慢地变得很轻松了，慢慢就变成一种习惯了。如果像点歌之类的节目，基本上在一个小时之内可以写完；如果是回答观众问题，有观众互动的话，一两个小时也可以写得完的。”

“有那么多的电台、那么多的主持人，你为什么偏爱文岚呢？”

“其实我同她的这段感情，是在一点一滴的交往中积累起来的。曾经有段时间特别郁闷，我就在网上给姐姐留言，问她，为什么这个世界上都没有人爱我？姐姐回复我说，就算全世界的人都不再爱你，你还有姐姐，姐姐会依然爱你的。”

“在她之前，有人跟你说过这样的话吗？”

“没有。文岚是这个世界上唯一对我说心疼我的人。”

小Y始终露着两颗小虎牙面带微笑，漂亮的姑娘，着实让人怜惜。

那天节目录制结束，小Y回家的末班车也没有了，我把她领回了家。

那一夜，我俩在客厅聊了一个通宵，她跟我讲了她的童年、她的遭遇、她的母亲和她的父亲。

这是一个极度没有安全感的孩子，风雨飘摇间靠着自己慢慢长大，犹如她家屋顶瓦片中战栗的一株小草，努力挣扎着钻出缝隙，孤零零地站在屋顶的高处，惊慌地张望着这个世界，没有任何遮挡和依靠。

昏暗的灯光下，她变了一个人，没有了笑容，只有一脸的愤怒和哀伤，说着、哭着、笑着，我能给她的只有不停地拍拍她、搂搂她、安慰她。

接下来，我便有了和文岚姐一样的待遇。

白天，在不确定的任意时间段，我可能会收到她的礼物，或托人带来，或亲自送来，总感觉，她恨不得要把全世界最美好的东西统统堆到我的面前。

记得第一次，门卫让我接收一个巨大的毛绒狗熊，好在狗熊的衣兜里有一张小Y的署名卡片，祝快乐！第二次，冷不丁接到小Y的电话，说就在电视台楼下。我奔下去，她笑盈盈地站在门口，硬塞给我一条蜻蜓挂件。第三次，她又托门卫递来一条围巾……我向她抗议，然后带着她吃上一顿精致大餐。白天的她甜美可爱，笑容满面。

夜晚，同样，在不确定的任意时间段，她会发来短信（那个时候没有微信），向我诉说一天的遭遇或不快，如果没有及时回复，她的短信会如潮水般涌来，一遍遍地质问为什么不回，一次次地猜忌我是不是讨厌她了……我知道她需要及时的安慰和回应，但是我确实没有做好这样的心理准备，我甚至开始害怕夜幕降临。

直到有一次，我没有及时回复她，她发来一条短信："我走在马路中央，每一辆车从我的身边呼啸而过，真痛快啊！"吓死我了，我赶紧哄她，向她道歉，让她回到人行道上来。

确认她没事儿了，我毫不犹豫地把她拉入黑名单。这样胶着的感觉犹如梅雨季节的天气，闷得让人喘不过气来。

之后，文岚姐把她安置在身边做工作人员，负责安排打理听众的线下活动以及接听热线。我在几次活动中见到小Y，她还是那般满面笑容，还是那般甜美。见到我似乎什么都没有发生过，和我打招呼，互相加了微博，过了几年，又互相加了微信。

从小Y的微博、微信上得知，她转移了视线，发疯似的追刘若英，追赵雅芝，追她们到每一座城市，应援、签售、追行程、买专辑、投票什么都干了……但是，2015年底，小Y突然消失，微博、微信不再更新，再也没有了她的任何音讯。

有时候和文岚姐聊起她，文岚姐说，小Y实际上在追寻着缺失的母爱，她在满世界找"妈妈"。

小Y在找"妈妈"，同时也在找自己存在的意义。她只看到自己"他者"的身份，她是文岚的听众，是我的小妹，是朋友的"甜甜圈"，唯独不是她自己。现在想来，我还真不清楚她自己是否有自己的生活。即便躺在那个狭小的空间里，也在忙碌着别人的事情，牵挂着别人的事情。

人生那么长，如果连自己是谁、自己该成为什么样的人都搞不清楚，就犹如一具空壳跟在"星光"身后。

## 【03】我和TA在玩“捉迷藏”

虽然我早已掠过青春期的山头，但“青春期”三个字仍在我的心头。

不瞒你说，我也追星，但是个散粉，喜欢一阵子之后会渐渐淡去。

有一段时间，红色偶像剧盛行，我信步停在了一个D姓男星面前，这是个青春、时尚、活力、帅气、洋气和田园味儿混合于一体的年轻人。他阳光灿烂的笑容、生机勃勃的状态、积极向上的精神，仿佛一股强烈的、有活力的风唤醒了我心底的热情！

我这个应该不叫追星，因为没有更多的外在行动，不接机、不应援、不参与签售，每天只是默默地去他的贴吧投个票，能投几票投几票。默默地各种搜索他的消息、他的访谈、他的行程，包括他的女友更替……

偶尔通过好友得到他的几张签名照，兴奋地跑到他的贴吧里大喊一声，显摆一下，然后默默地把照片塑封起来放进抽屉。

一个人玩着一个人的游戏，游戏规则自己定，任意地想象着他、定义着他。外人看起来有些卑微，但自己感觉到的是一场明媚。这是一种怎样的感觉呢？

记得小时候最爱玩“捉迷藏”了。

蒙住眼睛，双手在空中乱舞，凭借着同伴们发出的声音，试图触摸到他们的衣角，最好抓住整个人，这样我就胜利了！

喜欢上D星！知道这个世界上真真切切有这么一个人，每天上他的贴吧，去他的博客，希望依据只言片语能够触摸到他的踪迹，希望能在彼此最熟悉的地方，感受到相互间的气息。这个感觉跟玩“捉迷藏”差不多。

我和D星，生活在互不相见的空气中，我听得到他的声音，听得到他的呼吸，听得到他的匆匆步履，他忽而向左，忽而向右，我跟在他的身后，双手伸向前方探寻着他的方向，试图能够在流动的空气中摸到他、抓到他，哪怕是一个衣角。

“捉迷藏”的感觉真好！

工作原因，我能够有机会看见生活中真实的明星，听到他（她）们私下的声音，他们褪去妆容、褪去华服、褪去光环，这个时候，我褪去的是蒙在眼睛上的那块布！真真切切看到了他（她）们是人，不是神！

对于D星，我难得这样无法自拔，仿佛初恋的感觉在春天漾起！我更愿意蒙住双眼，循着他的声音去感受我的心跳，去触摸他的光影！

他在荧屏里塑造的一个个俊朗的形象，更像一件件艺术品，静静地立在春天里，散发着迷魂的气息，让我认定，这是一件件可以承载想象力的艺术品。

因为心动了……

不愿意压抑、储藏或冰冻这种喜欢、心动的感觉，不甘心让它就那么淡去、老化，于是就像一个好奇和贪玩的孩子一样，随着自己的性子、追着诱惑的方向，伸出手臂玩起了“捉迷藏”的游戏。

应该说这是一种天真和疯狂，一种可以留存心间的青春体验。

我对他迷恋的记录戛然停止在两年之后。

“捉迷藏”的游戏玩了两年……

这份暗恋的情愫，是单向的，自己浇灌、自己长大、自己忍受、自己终结，一切的惊心动魄和九转回肠都发生在无声处。

好吧，老实说，现在，我喜欢胡歌。

我之所以敢说出这个名字，是因为我没有把他看成明星。

他塑造了许多经典的人物形象，那是他的工作，就像我做我的工作一样。

我看他的书、他的所有获奖感言，就像我看史铁生的书一样，不是去膜拜大神，而是去寻找启示和共鸣。

我欣赏他的影视作品、摄影作品和歌曲，就像我欣赏别的艺术品一样，不是去仰望他的才华，而是觉得身心愉悦。

我的电脑屏保循环着胡歌从青涩到成熟的照片，是因为照片上的人眼神动人，笑容温暖，瞄一眼心情会好。

胡歌是一个美好的人。

我相信世界上有这样美好的人存在，这就是我喜欢他的原因。

在他的影响下，我希望自己也会变成这样美好的人。

其实就是一个契机，让自己变好，变得更好，而已！

也许，有那么一天，我会看到自己曾经心仪的明星，一声“你好”，足矣！表面波澜不惊，内心也云淡风轻。

## 【04】学会“爱”，不要“拒绝爱”

2017年8月的一个下午，格外酷热。

我结束了一个中学生传媒夏令营讲座。站在门口，目送着叽叽喳喳的学生们离开。耳边传来一个声音：“老师，我想和你聊几句，可以吗？”

回头一看，一个女生怯怯地站在我身边。

“嗯，好啊，聊什么呢？”

“老师，你追星吗？你喜欢过哪个明星吗？”

我一听，乐了：“我一路长大，追的明星不要太多啊，可以说，我的每一个成长阶段，都有不同的明星相伴。”

女生也乐了，打开话匣子，语速极快地告诉我她是如何喜欢薛之谦的，可是父母强烈反对，严格控制了她的零用钱，以防她去买周边。

我的同伴到齐了，我不得不和女生说“再见”。

临走前，我递给她一张名片，告诉她，没说完的话可以用合适的联络方式继续。

没过多久，我收到女生发来的E-mail。

老师，您睡了吗？我是晓雨，那个追星路上迷惘过的准初三党。说好夏令营回来就发个消息和您沟通的，事儿多，理科净是问题，忘了……

您工作顺利不？压力大不？突然想起汪涵说过，人想健康，须有两个通：通便，心通畅。不过您肯定能把握得张弛有度的，我……还不会。

南京的高温又打破纪录了，现在我都是早上8点前或者下午5点后才出去，不然得熟透。开窗通风的习惯都快没了……不敢开……

XZQ很久没出歌了，急……

快到黄金睡眠期了，我睡啦，晚安。

晓雨

我给了晓雨一个极认真的回复，仿佛在给自己的女儿写一封信。

晓雨：

你好！过了两天才看见你的邮件，回复有迟，抱歉！

你我一面之缘，谢谢你在睡不着想着XZQ的时候，也想到了我。

我像你这么大的时候，准初三？哦，让我想想，让我想想那个好遥远的过去……

对呢，我在初三的时候很不开心，更不顺利。那个时候没有多少明星可追，然后数理化又很烂，越怕越躲，越躲就越躲不过去，那个时候恨死数理化了，给数理化老师都取了个绰号，但相比现在的奇葩绰号，现在想想很文艺哦。

那个时候，真是死的心都有，好在，我有闺蜜，有好朋友，好朋友是班里成绩数一数二的女学霸，虽然我不懂她热爱的数理化世界，但是，我可以和她说很多父母都不知道的秘密，带她爬树翻墙，帮她写作文，哈哈，和学霸交朋友最大的好处就是：原来她也有不行的地方啊。

现在回想起来，真的很感谢初三的我，咬牙跺脚，哪怕用最卑微的方式也好好活了下来，看见了自己的未来，看见了这个天翻地覆当年怎么也想象不出的世界。

真的感谢那些数理化，是的，现在我们根本用不上这些电光滑轮定理，也不用知道“氢氦锂铍硼、碳氮氧氟氖……”都存在于世界的哪个角落，但是，没有当年的痛彻心扉，就无法对比出快乐是怎样的滋味；没有哭到肝肠寸断，就无法对比出喜笑颜开是怎样的爽朗。

生活中的对比、情绪中的落差，高高低低，起起伏伏，犹如我们的心电图曲线那样，表明我们还活着，而且是健康地活着。

追星没有错，晓雨，好好追星，追一颗健康的“星”。这样的“星”，会让你越来越好，越来越会思考：“我要怎样的优秀，才能缩短和他的距离，才能相信，终有一天，我以平等的姿态，站在他的面前，向他道贺，向他微笑。”

告诉你哦，我一路成长，一路追星，一路进步，随时也在淘汰那些不思进取、没有成长、没有进步的“星”。到现在，我还喜欢着胡歌，喜欢他的内涵，因为他在每一个领奖台上说的感言，都能进入我的心底，引起我的共鸣，让我由衷地赞许。

当你喜欢的明星悄然潜入你的心底，不要拒绝，不要害怕，不要担心，更不要硬生生切断“喜欢”的权利。我们要借助TA去学会如何“爱”，而不是“拒绝爱”。

其实，每一个人的“爱豆”，都是一个摆渡人，渡你走过这段最容易迷惘的年纪，渡你成为一个更好的人。

XZQ不一定认识你，但只有你自己知道，在经历了怎样的灯火阑珊、波涛汹涌之后，自己变得更好了。

变得更好，不为任何人，是为自己。但在你心里，他一直是那个见证者，虽然他不一定知道。

人世间有一种相遇，不是擦肩而过，而是内心相逢。

初三，是个紧张而且枯燥的阶段，各种刷题，各种无聊，然后父母各种唠叨和焦躁，这一年于你而言，更是重要，不是说“考上一个好高中，就能考上一个好大学，才能找到一份好工作，然后你才能获得一个好未来”，如果，这样的等式成立的话，人生如果如此简单，这个地球也就了无生机。

我想跟你说，你现在的努力和抗压，都不会白费。

站在不同的高度，看见不同的人群，看见不同的风景，甚至，可以看见你现在也没有想象出来的优秀的自己。

今年的天儿挺热的，热得有点儿反常，但我们每个人都还想尽办法好好地活着，对吗？没有什么过不去的。

晓雨加油！

# 青春正美

06

缺乏自我接纳和对生活的掌控，缺乏让自己持续进步的能力，缺乏对生活抱有积极真诚的态度，才是真正让人绝望的，比一次不及格的考试分数还要让人绝望。

青春正美

## 故事梗概

17岁的高中生洋洋（化名）初二起开始接触化妆，她奉行“不洗头不出门、不化妆不见人”的生活原则。洋洋认为，化了妆以后出门，有当女主角的感觉，自己从化妆中找到了自信和成就感。洋洋擅长“韩式裸妆”，她的化妆技术引来了爱美的女同学，大家纷纷让她传授，但也引来了老师，洋洋被叫到办公室，被当场要求卸妆。

节目中专家认为，化妆的中学生们会受到来自社会方面的阻力，其实是不轻松也是没有必要的。专家建议中学生朋友，未来化妆的机会会很多，青春本身就是一种美，倡导素颜最美。所以趁着青春正美之时，做最简单的、最轻松的、顺势而为的事。

专家心语

## 女生们的化妆逻辑

“中学女生化妆，代表一种什么心理?”

猛然被问到这个问题，我的第一反应是：“代表她们没打算去整容啊!”

人的身体是不完美的，但人心向往完美，尤其是对自己。

青春期的孩子，对外貌外形的挑剔摆在首位。因为他们正处在自我认同、两性认同、群体认同的关键时期，此时形象对他们而言，重要性胜过其他任何年龄。

/ 女孩子到了中学阶段，为什么爱化妆?

/ 成年人，特别是父母为什么会焦虑于女孩子们化妆?

/ 阻止她们化妆，对成人而言有着怎样的心理价值?

### 一、化妆和健身，父母会投哪一票?

假如对人的形象进行简单划分，大致可以分为容貌和身材两个方面（出于地缘关系考虑，暂且可以把发型归并在容貌一类）的话，那么，我们能够接受一个女孩子为了改善体型疯狂跑步健身，哪怕她只是初中生，却不太能接受一个女孩子为了美化容貌每天化妆出门，哪怕她已经是高中生。这背后的心理原因是什么?

化妆和健身，一个是为了改善容貌，另一个是为了美化体型，其目的近似，却待遇不同，这是为何？

究其根本，是我们对孩子成长话题中所倾注的一些价值取向在起作用。我们来看看有哪几种取向，同时，这也是成年人阻止孩子们化妆的常用理由。

1. 健康取向。在大多数人心目中，健身代表着“健康”的生活观，而化妆意味着“不健康”。很多家长阻止不住女儿化妆时，会从化妆品对皮肤和整个身体的伤害角度进行规劝。但问题是，妈妈们也在化妆呀，妈妈是女儿们最好的化妆品广告。

在网络信息如此发达的当下，需要任何生活常识，即刻搜索便可得到，化妆品的品牌特点、内在成分、功能特效……有心的、学习能力强的青春期孩子，知道的不会比妈妈们少，或许还要更多、更专业，比如好的化妆品中包含有类似蜗牛分泌液等健康成分，帮助淡化脸部斑点等。

健康与否，只在产品的选择罢了。用这个理由去阻止孩子化妆，似乎不够有底气，也好像没说实话。

2. 内涵取向。大家普遍认为，健身的成果是长久的、内在的，这种成果是属于人体部分之一的；而化妆的成果是短期的、外在的，它并不真正属于人体。

一个喜欢健身的人，其内在往往就是积极进取的。而一个每日化妆的人，其内在如何？在很多人的观念中，他们似乎压根就缺乏对内在的追求。

化妆者每天回到家中，第一件事情就是卸妆，打回原形。与健身相比，化妆的成果那么没有积累性和成长性，完全不符合父母对子女成长“一步一个脚印”的期待，于是苦口婆心地告诫“当前以学习为重”“化妆耽误你的时间”。但遗憾的是，孩子最烦父母的地方之一，就是什么事情都能被拿来跟学习联系起来、对立起来，仿佛一切学习以外的事情（有时甚至只是想帮爸妈做做家务），都是学习的敌人，生活中的方方面面都逃不脱影响不影响学习的讨论。孩子对此心生厌倦与抗拒，哪怕父母说得在理，往往也第一时间屏蔽了。并且有些成熟的孩子还会认为，化妆也是有其成长性积累的，只不过这种积累更多的在心理层面，在审美意识方面。

3. 缺陷取向。在有些父母面前，化妆是一件必然会被轻视和低估的事情，因为他们是在全民不化妆的年代成长起来的。在这些父母心目中，只有人老珠黄时，才有必要使用化妆这个不得已的手段来避短遮丑。一个年纪轻轻的小姑娘，素面朝天就好，凑什么热闹来化妆？

这真是一种令人悲哀和无奈的想法。这让我不禁联想到很多年前人们对心理咨询职业的一种误解，认为它就是给人治精神病的，谁去找心理咨询师，谁就是脑子有病。而现在越来越多的人开始知道，心理咨询包括“治疗型”与“成长型”两种。接受成长型咨询，在疗愈的同时，也是为了更好地成长。大多数情况下二者长短兼顾，相互促进。

化妆大约也可以这样划分，“治疗型”的化妆是针对那些认为自己的某部分缺陷已经严重到必须遮掩地步的人士，而“成长型”的化妆则适用于更广泛的人群，可以让人发现一个更好的自己。

假如你是漂亮的，化妆使你美丽；假如你是美丽的，化妆使你惊艳！青春正美，谁不想在颜值的巅峰时期惊艳一下这个世界？

以上三个价值取向，还都只是在意识层面影响着我们去阻止孩子们化妆。那么，是否还有什么深层的原因，也就是说不出口甚至察觉不到的原因，造成了我们的巨大焦虑，而导致我们不假思索地反感女孩子们在中学时期化妆呢？有的！那就是，父母或者大多数成人在内心深处说不出口的一句潜意识语言：我们不希望你过早地长大，过早地拥有性魅力。

这句话的背后，五味杂陈。

/ 你不需要啊！

/ 你怎么就这样一夜长大了呢？

## 二、化妆行为背后的心理意义

父母猛然撞见女儿第一次偷偷化妆，内心的冲击绝非“这不健康”“这影响学习”“化得不好看”那么简单。每天各种不健康食品吃着呢，进肚子的都来不及担忧，化妆品健康不健康，有必要如临大敌吗？父母此时此刻内心真实的反应是：你不需要啊！

你年轻，不需要啊！

你皮肤好，不需要啊！

你素颜好看，不需要啊！

一句话，你还小啊！

你还那么小，我还没有做好思想准备，你怎么就开始化妆了呢？

化妆之后，你看上去就像是一个真正的女人，不是女孩了呀，你已经完全是一副明天就要嫁人的样子了，这怎么是好，这怎么能让我受得了？

我以前工作忙，没有来得及好好陪伴你，我以为时间还多，我还想好好陪伴你啊。

更微妙的是，你化妆之后，突然就充满了吸引异性的魅力，就算画得笨拙，那股魅力还是挥之不去，仿佛一个魔盒被打开，再也不可能关闭了。爸妈按说应该为你高兴，但却不知为何，充满了一丝莫名的焦躁……

因为没有任何人的青春是经过准备才去经历的，爸妈当年就是，美丽与遗憾并存，快乐与痛楚共生，还没来得及好好提醒你呢，青春居然又来了，踹门而入，剽悍凌人。

喜欢抽烟的父亲，不会在乎成年儿子抽烟，有时还会相互递烟。但当他第一次撞见上中学的儿子学着抽烟时，心中几乎是怒不可遏的。

是因为健康原因吗?

是因为吸烟就一定会学坏吗?

当然不全是。

父亲心中有种说不出来的恼火与失落:

我还没有批准你长大，你怎么就敢擅自做主，成了大人?

我还想等不忙时带你出去玩，慢慢教你怎么做男人，这是我作为父亲的骄傲。

你怎么一夜之间就成了男人，你叼着烟的样子，稚嫩的脸庞上为何隐约出现了一丝成熟的男人气息?甚至，还有那么一丝男性魅力!

青春无敌，真是无敌到神挡杀神、佛挡杀佛，无敌到飞!

第一次化妆的女孩，像极了第一次抽烟的男孩，发生的时间相近，良好的感觉相同。

人生的第一支烟、第一口酒，味道其实都是挺糟糕的，这么呛的东西还有人抽?这么辣的东西还有人喝?这都不重要，因为这些动作的背后，透着成熟:“对面的女生在看着我，我故意漫不经心地叼着这根烟，说真的，我真被自己帅到了!”

化过妆的女孩子，感觉自己在同学中间，特别是男生眼中更加美丽，不只是因为脸色更白更亮，而是因为这些行为的背后透着成熟:“我开始化妆了!对面那个心仪的男生，我是为你化的妆。”

说到底，男人更有男人味，女人更有女人味，怎么也不是一件坏事，青春期的一个重要心理任务是自我对性别的认同与分化。孩子正在完成生命赋予他们的这项光荣而艰巨的任务，在这个过程中，可能方法不当，可能技术拙劣，但动力强劲，义无反顾。事实上，他们内心非常需要及渴望成年人的指导，只是因为在长期的相处中，他们深刻地了解自己的父母，知道父母能接受什么、不能接受什么，爱美的心理本就微妙而羞涩，一经微小打击，自然全面防御。

男生精力旺盛，不需要像中年男人一样利用烟草提神。女生素颜美丽，也不需要利用化妆来美化肌肤。有时化妆品在脸上的效果，还不如那一抹天生的水嫩娇肤。这些特定行为在大多数情况下，要的是一个心理满足，所以家长从现实层面谈“需要不需要”，其实是有点鸡同鸭讲的。

一切要从心理需求层面入手。

/ 化妆，只是一个象征意义。

/ 寻找成熟感，为什么一定要化妆？

/ 满足心理需求，比满足现实需求更重要！

## 三、如何破解这层心理防御

我的答案是：接纳需求，转化能量。

1. 接纳需求。孩子身上有着很多父母们不适应的东西，不要急于压制和抗衡。特别是青春期的能量，是任何强势的父母也阻挡不住的。你的压制只会在其他方面造成更大的伤害。面对这股强大的青春期能量，以及背后隐含的强大心理需求，第一步是接纳。只有接纳，才能化敌为友，为我所用。

女孩子们化妆，在自己十几岁的水嫩肌肤上涂抹化妆品，其心理意义远大于现实意义，她是想找到一种长大的感觉，寻找像妈妈一样做成熟女人的感觉，但她不好意思明说。假如被父母排斥，她便会缩回去，沟通也被阻断；假如被父母所接纳，她则会有更多倾诉，亲子沟通得到强化，甚至很多化妆之外的其他问题也能顺便解决。

有些方面需要内涵培养，孩子们在没有指导的情况下，感觉等不及，于是只能选择相比较而言不那么“关注内在”的方式。比如化妆，或是穿上性感的高跟鞋，便是最快捷找到感觉的方法。妈妈们一开始可能会因为现实层面的“耽误学习”“早恋”等担忧而乱了阵脚，慌忙封杀或劝阻。但其实我想说，不要跟这些现实层面的东西较劲，一旦读懂她行为背后的心理需求后你会发现，远没有我们想象的那么可怕。而且，这个需求是可以利用的。与其每天想着如何教育孩子、引导孩子、改变孩子，苦于找不到门径，这个心理需求就是门径，不如利用这个突破口。

这种做成熟女人的感觉，其实可以在很多方面找到，爸妈，尤其是妈妈帮助思考，会挖掘出很多孩子想不到、未关注的方面，而这些方面，其实也都是这股心理需求可以投注的“靶子”。这种“靶子”多了，孩子对化妆的执着度就会下降，并且，心态更平衡，气质更均衡。最好的方法是引导女儿接受成熟女人的综合培养，这其中就包括很多内涵层面的内容。假如妈妈不具备这方面知识和素养，也可以帮助孩子寻找到一个内外兼修的学习对象，比如很多白领女性推崇的杨澜、董卿等。

很多时候，我们用“腹有诗书气自华”去要求孩子，孩子看上去并不接受，其原因只是在于我们自己首先没有接纳她的需求，理解孩子化妆的实质是在心底渴望自己变得更好。我们本能的第一举措就是将“化妆”与“变得更好”对立起来，与“拥有内涵”对立起来，孩子自然对“内涵说”打心眼里反感。

假如我们从内心先接纳了孩子的需求，认可这是好的，并愿意抽出时间陪孩子去了解相关的知识，表现出不但理解，而且接纳，更愿意陪伴的态度，那么我们便有机会将这股力量从相对比较肤浅的化妆引导到内涵建设方面。还是那句处处彰显威力的话：问题中孕育着丰富的资源，关键是要有耐心。

2. 转化能量，满足心理意义。

有人可能会问，孩子就一定是你说的这种原因吗？每个孩子化妆都是为了寻找成熟感吗？当然不全是。

找到长大的感觉，是内心深层的心理需求，是根本的动力源。但有时，这种需求也会分化为一些不那么深层的、比较可见的心理需求，这些心理需求及其背后的潜台词是：

（1）角色定位的需要：长相是爹妈给的，但别人仅从天生的长相看不出我是一个什么样的人；妆是自己化的，这表明了我在人生舞台上的角色定位，或者说我想成为一个什么样的人。

在节目中，洋洋说："化妆后感觉自己是女主角，不化妆感觉自己是路人。"她的潜台词应当这样解读：我要做自己人生舞台的主角，而非要跟谁抢戏。假如误读，或许就会好心地劝解、开导她：人生不要好高骛远，哪有那么多做主角的机会，做做路人有何不可呢？估计此话一出，紧随其后的便是尬聊，孩子直接把你屏蔽了。因为新一代年轻人的人生观当中，有很多观念比他们的上一代更加符合现代心理学对幸福人生的定义。比如，一个健康的人格，前提是建立了独立完整的"个体化自我"，在自己的人生舞台上有当仁不让的主角意识。主角都不当，又怎么会对"我的人生"这出大戏负责？又有其他哪位前辈演员能够替你负责？

（2）形象设计和心情表达的需要：化妆的我是造型多变的，我喜欢这样的我。不同的妆容能够反映我当下的心情，就像朋友圈的展示功能一样，这让我感到心情舒缓、流动，觉得每时每刻都能被世界所看到、所关注。

（3）融入班级亚文化的需要：我的朋友都在化妆，学习化妆让我们有共同语言，我珍惜每一个保持友情的机会。就像洋洋说的："身边有同学接触这个东西，教教朋友有成就感。"

等等，等等。

有些特定的行为，赋予当事人特定的心理意义，在特定的年龄阶段，满足这种心理意义，比满足现实需求更重要、更本质。

我们多从心理需求的角度去看待青春期孩子的行为，这样的好处，一是可以达成深度理解，二是便于引导转化，三是改善了亲子关系。因为很多时候父母想要改变孩子表面的行为是很难的，但抓住心理需求，从另一个角度去满足他，反而有奇效，而且孩子也觉得内心更敞亮了，觉得自己选择的那个方式（比如化妆），其实比不上爸妈在深度理解自己之后提供的方法满足得彻底、过瘾、舒畅。

心理需求的满足，是现代文明社会中一个人幸福成长的重要方面，只不过是以化妆这个特定的载体呈现出来，既有必然，也有偶然。不过度，就是美好；过度了，我们从心理需求的层面换个方法满足孩子即可。一手解决问题，一手帮助成长。

“中学女生化妆，代表一种什么心理?”

当我再次面对这个问题时，很想说：还好还好，毕竟化妆还没有在中学男生当中蔚然成风。

这种担忧不是没有道理的。

我们真的已经进入了一个看脸的时代，我们从未像今天这样赤裸裸地迷恋容貌、恐惧衰老、关注长相、内心焦躁。但造就这个时代的，不是那些正在化妆的孩子们，恰恰是我们这群成年人。

商业文明发展到今天，资本比我们更快、更敏锐地发现了青春期力量中蕴含的巨大价值，逐利的本能使得它比我们更少纠结、更高效率地第一时间接纳并转化了这股力量，生生地人工营造出了崇拜颜值、追捧鲜肉、“消费男色”的娱乐文化，使我们的孩子被裹挟其中。探寻生命意义的前提是敬畏死亡，欣赏青春美好的前提是尊重衰老，当全民都过度恐惧于青春的流逝，而不懂得欣赏岁月留给我们的美，不懂得感受“流体智力”向“晶体智力”转化过程中的美妙与震撼时，孩子们年纪轻轻就本能地想要用化妆品提前挽留青春，又有什么奇怪呢？他们只是在替我们上一代人表达这份焦虑罢了。

制片人手记

# 我要整容当明星

## 【01】只想在人群中被多看一眼

洋洋这孩子到了初二才开始关注化妆这件事，而我某闺蜜的女儿骨朵（化名）读小学四年级的时候，就叽歪到不行，吵着闹着想去美容学校学化妆（此处应该有个欲哭无泪的表情）。

骨朵从小学拉丁舞，自然要去参加各种比赛，自然要捯饬服装和化妆，自然她认识了很多化妆品，自然也就引起她的各种好奇和亲自动手的强烈欲望。

终于熬到小学六年级暑假可以暂时撒欢的时候，被骨朵磨得没办法，亲妈只得带她去了一家美容培训学校。报名点的美女说："首先，我们没有接待过这么小的学员；第二，我们教的科目是新娘跟妆，至少需要学习三个月……"

骨朵终于不再提及要去美容学校的事儿了，她妈以为这事儿就此消失。没想到，骨朵省吃俭用，用攒下的零花钱，买了一堆花花绿绿，一看就是假冒伪劣地摊货的化妆品……这怎么可以，如花似玉的脸蛋上怎么可以涂抹这些不靠谱的化妆品呢？

闺蜜让我来劝劝她闺女，我揶揄道："知道了吧！？一旦一丝愿望在孩子的心里形成一个小小的念头，哪怕是一粒肉眼都看不见的火星子，在青春期荷尔蒙的助推下，也会快速燃爆，仅靠亲爹亲妈亲朋好友喋喋不休的口水，根本无法扑灭，说不定反而会成为新的爆点。”我跟闺蜜说，在我等还没有掌握好隔绝燃爆技术的前提下，最好的灭火方式就是“导流”，把孩子内心的愿望疏导进安全通道，这个疏导的过程急是急不来的，需要时间和耐心，靠“心机”说话，而不是靠“情绪”。

美女和非美女的世界是两个世界。在青春期，这个无须赘言，女儿追求美本身并没有错。作为亲妈，女儿想变得更好，谁也没有什么理由阻止。

于是，闺蜜拜托我利用工作之便，带着骨朵去看化妆师如何给主持人化妆，了解化妆品和化妆工具的品种及用途，看生活妆容和舞台妆容的区别，和主持人交流穿衣搭配之道……让骨朵自己多看多交流，大家就轻松了。其实，更不轻松了。

轻松的是，亲妈可以不再用贫乏的词汇去告诉她什么，去教导她什么，一切尽在不言中；不轻松的是，在骨朵了解到更多之后，便有了新的购买欲和尝试欲，更有了从头到脚的造型欲。在她看来，服饰色调风格款式的搭配组合，是一种创意，更是一场头脑风暴。

所谓“搭配”，实质上是在锻炼大脑的空间想象力和对自己的认知能力。

只有了解自己的高矮胖瘦、自己的气质类型、自己的肤色特点，才能思考到服饰的线条、几何图形、设计造型、色彩调性、面料厚薄等细微之处是否跟自己相称。

从此，闺蜜赚钱的压力和心理承受力成倍提升，还要时不时召唤我，帮她整理一下那常常不在线的家教智商。但“导流”的基本准则不变，这期间，闺蜜和女儿骨朵有着更多的交流话题，包括如何挑选性价比高的货品。

当骨朵进入高中，拿到校服的第一件事，就是跑到裁缝那里，收裤腿，掐腰身，小裙子多打几个褶。看上去大家穿出来的校服都一样，但是气质、气质……气质这玩意儿真不是亲妈想生就能生出来的，那是靠着自身的内外兼修生长出来的。合身的外套，满脸洋溢着愉悦感和满足感，走在人群里自带光环。你说，什么叫“青春”？青春，就是让你在人群中忍不住多看TA一眼。

渐渐地，骨朵发现，并不是化了妆才叫美，其实生活中有很多种变美的方式……

曾经，闺蜜也担心过，和女儿逛街看美女、逛店挑衣衫会不会浪费时间，会不会耽误她的学习，后来她告诉我，事实证明想多了。

当她女儿上了大学，她来跟我闲聊这段故事的时候，反而转过身来跟我说：你要相信“青春”二字，一定要信！这两个字，有着你无法想象的一股强大力量。骨朵最后可以把对服饰、化妆的研究能力、对比能力、质疑能力、创造能力、对美的敏感和鉴赏能力……不知不觉迁移到学习中来。

学习能力和生活品鉴能力本就是相通的。

学习是孩子当下的“本职工作”，而生活经验则是孩子一辈子的学习内容。缺乏自我接纳和对生活的掌控，缺乏让自己持续进步的能力，缺乏对生活抱有积极真诚的态度，才是真正让人绝望的，比一次不及格的考试分数还要让人绝望。

我国的女孩子在18岁以前，大多是“梳着马尾辫，剪着齐刘海，背着双肩包，晃着肥校服”的普遍审美，不会梳妆不会打扮。如果姑娘们在青春年华，没有学习过和外貌相关的东西，到中年审美也会有问题的，最直接的困境就是揣着钱逛商场，不知道如何选择、如何下手，不知道什么色系什么款式什么风格的服饰是自己的菜，导致最直接的结果就是不管什么衣服都往身上套，所以，为什么现在优雅知性、穿着得体的阿姨大妈那么稀有？

## 【02】我要整容当明星

13年前，网上转载的一条消息标题很吸睛："16岁少年要做××第一人造美男。"

职业的敏感让我很快找到他，他成了我节目的访谈嘉宾。

这是一个非常有趣的男孩子。我们暂且称他为小T。

一晃13年过去了，当年那个一头杀马特，嚷嚷着"我要整容，我要当明星"的17岁小伙子，如今在哪里？

用了所有能用的搜索引擎搜索他的名字，有关他的消息只停留在2008年。

当时，那个只有16的少年小T有一个明星梦，非常非常强烈的明星梦。

节目开场前，我为小T设置了一个特别环节，组织了一队人马扮成粉丝，在一楼大厅呼喊着呐喊着迎接小T的到来，让他体验一下当明星被簇拥的感觉。

小T穿过山呼海啸般的声音，步入演播厅，主持人和他略微调侃了两句，便冷不丁地开始抛问题了：

Q：你觉得明星是什么样的人？过什么样的生活？

T：我觉得明星应该比正常人的生活要幸福得多，因为明星赚到的钱比较多，还有我觉得明星非常的光鲜，在台上被很多粉丝追，然后在台下还是被很多粉丝追，可以成为万众的焦点，我非常羡慕他们。

Q：明星其实也是分实力派和偶像派，你可能会充当哪个派？

T：我觉得现在我应该不属于偶像派，但是整容以后应该会成为偶像派。因为我比较喜欢韩星，也看到过他们有些人整容前后的照片。我觉得整容给他们的星途带来了很坦荡的一条路。

Q：你是不是觉得韩星就是通过整容才能一举成名？

T：说实话，韩国明星其实很少有实力派。因为你看中韩歌友会，或者其他的一些演唱会，我觉得韩国明星他们没有实力。像我们中国的韩红，算不上偶像，但是有实力，我觉得她每场都是真唱，非常有实力。

Q：但你还是希望像韩星那样子靠脸吃饭？

T：对。

Q：你是不是从小就对自己的长相不是很自信？

T：嗯，可以这样说。

Q：什么时候有的这种感觉？

T：什么时候都有。我一生下来，听我妈说她生下我抱出去，人家都说，这孩子怎么这么难看，这孩子长得好吓人……

Q：有这样吗？我看看你还好吧，没有吓到我们。其实现在女大十八变，我觉得男大也十八变。

T：但还没达到我想要的那个目标。

Q：你想整成什么样子？

T：要做双眼皮，还有开眼角，就是要把眼睛再拉大点。家族遗传，我奶奶、奶奶生的几个孩子全都是小眼睛，我就一直在怨他们。还有眉弓想凸高一点、饱满一点，还有隆鼻、鼻孔缩小、鼻翼和鼻尖再修整一下，丰唇，还有额头再饱满一点，听说下颌骨是个大手术，那我就不做了。

Q：你觉得自己还有哪里不满足？

T：你应该直接问我哪儿满足！我觉得我身材还不错，比例比较匀称。

Q：你设想的一个明星梦打算怎么实现？

T：我想先整一下容，给自己的外表添添分，然后再去充实内在，内在的东西我觉得也很重要。

Q：你打算怎么充实自己的内在？

T：在家练瑜伽，然后再拜师去学街舞。我比较喜欢唱歌，虽然五音不全。

Q：你给自己设计的第一步是？

T：打电话求助媒体！初三快要中考的时候，我找到了我们当地的一个报社，他们愿意帮我推广出去。

Q：你当时怎么跟他们说的？

T：我就说："记者，我非常喜欢当明星，不知道你们能不能成全我一下？"他说不是每个人都可以当明星，我说我想通过整容炒作，然后记者说："好！你过来吧。"我和我的同学就去了报社。我说我从小想当明星，但是对自己的长相不是很自信，你们能不能帮我找一家整形医院，当然是免费的那种，因为免费的炒作比较好炒。付费的谁愿意帮你炒。第二天他们就写出来了。

Q：有效果吗？

T：报纸文章出来，可轰动了。第一天我到学校去，人家都指指点点我，我还必须用手这样遮着，我还是有点不太习惯，因为我还不知道他们是恶意地看，还是善意地看。当知道他们是善意地看以后，我就把手拿下来了，心想：就让你们看，你们爱看就看，最好多看，别不看我。

Q：当时有没有人不是很理解你？

T：当然有。他们就说"日日做梦""癞蛤蟆打伞——装模作样""你就这样，你别装了……"但支持我的人也多，他们就觉得我的思想比较前卫，做事比较有勇气。

Q：第一步"炒作"目的达到了，第二步是什么？

T：我们当地的一家整形医院愿意给我免费整形，但是我觉得这么一个小地方的整容技术会不会再给我脸上抹黑？我就没愿意去。我觉得广州、上海那一带的整形医院比较好，有一天突然听到一个广告在报"上海某某整形医院美丽热线"，我记下来了。然后我就打电话问他们愿不愿意给我免费整容，他们拒绝了。当时上海的一个谈话节目找到了我，我第一次做了嘉宾，觉得心里非常得兴奋。虽然那时候整容炒得非常热了，但是作为一个男的，而且是个少年去整容，正好可以体现青少年痴迷于此的社会现象。节目播出后，上海的另外一家整形医院找到了我，他们为我做了全方位的检查，说可以达成我想免费整容的愿望，并且计划拍一个宣传片，并有可能成为形象代言人。我感觉找到希望了，明星梦又近了一步了。

Q：你是希望很快全部地整完，还是慢工出细活？

T：我希望是精雕细凿，不要一下子做得一团糟，像在做肉饼。如果做出来不好看咋办？我希望我整一样，媒体关注一样，就像核武器爆炸，整一下炸一下，这样人也就会红了。

Q：如果你现在做美容手术，你会对这个手术的结果可能发生的意外情况有多少心理准备？

T：80%。

Q：另外20%呢？

T：还是有一点担心整容会失败。

Q：你的心理能承受得了吗？

T：能承受。

Q：在那么多普通学生中，你觉得你凭什么来引起别人的注意？

T：在班级上大多数人性格差不多，只有我一个例外，比较有个性。

Q：凭什么来让别人给你免费做整容？

T：借助媒体，媒体的力量是庞大的。

Q：你说说看，明星必须具备的基本条件是什么？

T：美丽加炒作。我觉得美丽能给你一个机会，至少可以给你一个出人头地的机会，然后成不成功是另外一回事。如果没有炒作谁会知道你？这年代必须要炒作是不是？

Q：你周围的老师同学是什么观点？

T：大多数同学比较支持，老师就比较中立，然后有一些人，我觉得他们应该是要么忌妒我，要么羡慕我。

Q：你除了想当明星以外，没有想过上大学吗？

T：想过！别说我痴心妄想，其实我也知道我的实力，我非常想考北京电影学院，但是我总觉得实力有点不够。我还会努力的，因为我现在才高一，要高三才考北电表演系或者是上海音乐学院，如果实在刷下来的话，我就考幼师了。

Q：为什么会选择当幼师？这个落差好像比较大。

T：我看得比较远。成为明星这个目标，我会努力，一直努力到我不能再努力为止，就是活不下去的时候，我再去选择幼师，等我七老八十以后坐在一个躺椅上，旁边坐着一群幼儿园的学生，我拿着一本书，就像哈利·波特里面的大胡子那样，给他们讲故事，我觉得非常幸福。

Q：你爸妈对你整容是什么态度？

T：我妈一开始的时候也不太能接受，然后被我说中立了。我爸就是打死也不同意，我爸没用，在家我妈作主。有句广告语说得好，一切皆有可能。

节目中，我们安排了一个招考的现场，完全模拟艺术院校的影视表演专业的考试流程来设计。小T在“声、台、形、表”四个环节做了表现。我们请来的评委之一，某艺术院校的表演系主任上来就劈头盖脸地说：“我就直言了孩子，像你这样进不了二试。原因很简单，第一，你说的不是普通话；第二，你这些不叫表演，表演最根本的是真实，真实才有生命。演员需要各种长相，特别是男演员，他塑造的人物能被大家认可才是最重要的。在导演眼里，特点就是美！有特点的自己才是最好的！你整的都跟人家差不多了，还没有自己的特点，我的戏凭什么要选你？”

后来，我陆续在网上知道，上海还确实有家整形医院免费为小T做了几个小手术，但是没过多久，医院因为药品问题惹了官司，之后便再也没有小T的消息。

但我能理解16岁的小T。青春是躁动的，文学作品都这么说，好像不奋不顾身一次就不算活过。

## 【03】做自己就好

古人说“相由心生”，你的气质和心理素质会通过外貌和表情显现出来。一个人的心理素质，其实就是你的气质和素养的体现。相，不只是单纯的皮相，清澈的眼神、灵动的神情、大方的举止、有趣的谈吐、优雅的姿态，都是我们的相。

我很喜欢《月亮与六便士》里面那个画着艳俗风景画的施特略夫，他懂得美，懂得思特里克兰德的价值，“有时候一个人的外貌同他的灵魂不相称，这实在是一件苦不堪言的事”。

整容也好，化妆也好，穿金戴银的时尚达人也罢，这都是在借助外力解决皮相问题，实质是解决自己内心的问题。一个人无法实现内在的自我认同，无论外在如何倾国倾城，内心依旧矛盾、依旧冲突、依旧绝望、依旧拒绝接受自己的不足、依旧讨厌自己，即使如何通过外力解决了一个问题，生活中还会有无数的问题出现，生活就是这样一个问题叠加着一个问题滚动向前，最终也一定会遇到外力解决不了的另一个问题。换个皮相，结果一定还是原来那个熊样。

生气容易变丑陋，激动容易长皱纹。单就外表的话，早睡早起、健康饮食、锻炼健身，皮肤和身材好起来，加上不差的审美，都会好看的。

现代舞大师玛莎·格雷厄姆有一段话说得特别好：“有股活力、生命力、能量由你而实现，从古至今只有一个你，这份表达独一无二……”这段话说的是跳舞，其实做其他事也一样。

做自己就好，无须和他人比较，而往往这个时候，你就会自带光芒。

# 07 减肥的秘密

与完美主义形影不离的是低自尊，总觉得自己不够好，只有将事情做到尽善尽美，把自己的身体控制得尽善尽美，才能弥补自己所能觉察到的无助感，才能得以变相确立自己的独立性。

减肥的秘密

## 故事梗概

“跑步像肉球，走路看不到脚，运动会总是扔铅球，常常幻想瘦下来就会无所不能……”胖子的悲伤，你知多少？如何面对肥胖？如何科学减肥？

正在读高中的小胖子史同学，有一个响亮且颇具历史感的名字，他可是一位5岁就能看懂棋谱的围棋天才，也是中国围棋民间争霸赛中小学界别冠军。冠军也烦恼，用他自己的话讲：“对自己偏胖的身材感到十分不满意。”

节目中，小史同学和大家分享了关于“胖”的好处，就是能吃。外出吃自助，基本不愁会吃“亏本”，但相比之下，“胖子”的郁闷还是比较多。比如坐火车，尽量少喝水，免得进进出出影响旁边的人不说，在过道走动，总要碰到其他人的东西。比如坐电梯，只要超载警报响起，不管认识不认识，大家不约而同地朝“胖子”看去……

有调查发现，参与减肥的学生比例高达83.19%，但在进行体重指数鉴定时发现，其中体重偏瘦者占39.28%，正常体型者占50.26%，只有10.46%的人属肥胖，超过74%的中学生陷入减肥误区，盲目减肥。

关于如何看待“减肥”这件事儿，专家从心理学角度给了小史同学一个很有意思的建议。

专家心语

## 关于减肥，我们走错了方向

### 一、减肥、减重、瘦身，你会选择哪一个

个案一：夫妻二人，妻子丰腴圆润，丈夫瘦削苗条，傍晚在夕阳下散步，看着他们的剪影，硬生生觉得老公太美，妻子拖累。

但考察一下生活方式，感受却又不同。

丈夫忙于工作，加班熬夜，应酬多多，烟酒不拒。每年体检，血液黏稠；妻子作为女性，从不抽烟喝酒，每天到点上床睡觉，顺便做个面膜，虽然一辈子甩不掉婴儿肥，却肤白水嫩，血管清澈流畅，其他各种指标相比，二人也差了不止一个档次。

你觉得妻子是否有必要“减肥”？

个案二：父子二人，身高一样。父亲五十多岁，人生已然圆满，从不健身锻炼，是位每日追剧的“沙发党”；儿子二十多岁，酷爱健身，尤其热衷追“围度”，俗称“练块儿”，目标是一年内上臂围突破40厘米大关，每日蛋白质摄入极多。

父子二人一同称重，同样1.82米的身高，父亲90公斤，儿子早已110公斤。再看腰围，儿子平整得像搓衣板，如小说中描述的“猿臂蜂腰”，而父亲的腰围已几乎有儿子的两倍之多。

面对这一画面，无论从体型的健美角度，还是身体的健康角度而言，撇除年龄差异，你会认为谁更健康、更健美？儿子是否有必要“减重”？

## 二、关于减肥，我们走错了方向

减肥，一度被呼吁改称为“瘦身”，据说这个提法还是从心理学角度提出的。

其理论依据是：人的潜意识只接受实意词汇，自动忽略否定前缀。就好比说：“请你此刻不要想一只粉红色的大象。”那你一定做不到“不要想”，而是先“想”出了一只粉红色大象的模样，然后再竭力地在大脑中擦除它。所以，当我们说“我要去减肥”的时候，一定是自动忽略了“减”字，脑子里只剩“肥肥肥”。

这个说法其实有点自欺欺人，但人们希望与“肥”字永不沾边的心理，却由此活灵活现。这反映了在很多人心目中，减肥战役从一开始就是要杀光剿灭、拒绝妥协、拒绝谈判、拒绝纳降的，这场硬仗有多难打，可想而知。

被“减肥”这个不精确的词汇误导，大家对一切富有脂肪含量的身体部位都深恶痛绝。尤其是渴望减肥的女性，痛恨脸上的婴儿肥，痛恨比基尼勒出的游泳圈，痛恨臀部、大腿上甩不掉的软座垫……

而健身专家又火上浇油地告诉大家，藏在肱三头肌后面的那一点点脂肪才是最难减掉的。那点儿脂肪在肱三头肌后面一甩一甩的，所以被女生称为“拜拜肉”，有了它，道个别都不轻松。

很多人从减肥的第一天起，内心就是恐惧和信心不足的。对男性而言，减肥时顺便增肌也不是坏事，但对女性而言，我们既要刮去脂肪，又不能让肌肉变得更粗壮啊……怎么办？减肥简直成了走钢丝。

减肥、减重、瘦身，你会选择哪一个？

减肥有健康和审美两方面价值，假如仅仅从审美的角度而言，我们认为，在当下以瘦为美的时代大环境中，三者的关系是：瘦身是主目标，减重是副产品，减肥是手段。大家是希望通过减少身体的脂肪，来达到“瘦身”和“减重”这两个主、副目标。

为什么厘清这三个概念很重要？因为造成肥胖的不只是有生理因素，也有心理因素。这些心理因素，有意识层面的，也有潜意识层面的，甚至还有集体潜意识的，来自远古，今天我们就一起说道说道。

## 三、导致肥胖的心理现象

### 1. 战，还是逃?

大多数没有当众讲话经验的人上台发言，都会感到精神紧张、大脑空白、面色苍白、手心出汗、双脚想要逃离，这是一个很奇怪的现象。

我们当众演讲，最需要的就是大脑高速运转，面部表情自然丰富，需要这些部位有充足的能量，而手脚嘛，只要能帮助我们站直坐稳就可以了，如果再能做几个简单的手势辅助语言当然更好，不能的话也没有太大关系。

聪明的人体，为何在分配能量时如此本末倒置?

答案很简单：我们的大脑在承受压力时，会不知不觉退回到远古时代的操作模式。

原始人在突然遭遇猛兽时，需要一瞬间作出决定。假如猛兽势单力薄，可以一搏，那就毫不犹豫地冲上去搏一把，这叫“战斗反应”；假如猛兽势大力沉，难以判断谁是谁的晚餐，那转身就跑，这叫“逃跑反应”；假如猛兽不但强大，而且极其恐怖，不但让人判断自己几乎铁定会成为它的晚餐，而且恐怖的画面直接进入脑海，比如见到巨蟒对着自己“狞笑”……那么连逃跑的勇气也不再有，让人彻底瘫倒蒙圈，这叫“木僵反应”。

人类面对瞬间压力的反应，不外乎“战、逃、僵”这三种。心理脆弱到被直接吓傻的毕竟是极少数，大多数情况下，都是选择战斗或者逃跑，因此也简称“战逃反应”。

“战逃反应”并不太需要大脑的参与，只要一瞬间反映出“打”还是“跑”就行，紧接着便是直接采取行动。所以在能量分配时，大脑不需要那么多能量，多了会坏事，遇到特别有思想、有才华的原始人，站在那里纠结半天就麻烦了；而无论是用于奋勇战斗还是快速逃跑，身体四肢则需要分配到更多的能量。

我们的大脑进化远未完全，操作系统中仍残留着远古祖先的一些模式。回到刚才关于“演讲时心慌意乱”的例子：当演讲者面对一屋子观众时，这种巨大的压力导致人体作出的不是“如何更好地表达”这样复杂的判断，而是“战，还是逃？”的原始判断，能量立即分配给四肢，而大脑瞬间一片空白。所以，只有经过认真准备，并有一定演讲经验的人，才会在内心深处将演讲活动普通化、日常化，不视作巨大压力，也不激发“战逃反应”。

在我们面对瞬间、即时压力时的应激反应是“战，还是逃？”，那么在面对慢性压力时呢？

2. 吃，还是囤？

原始人没有升职加薪、买房买车的压力，饥荒是他们要面对的首要慢性压力。旱了涝了，都会让原始人焦虑如何度过荒年，至于死亡恐惧这种问题，他们已经交付给了信仰，反而一身轻松。

饥荒，几乎成了原始人需要面对的唯一慢性压力，这一压力在人体中留下的烙印就是“囤积”意识。

在农耕、畜牧出现之前，所谓的“囤积”就是往自己身上囤。现代医学研究表明，人体的构造就是为了能够贮存更多的脂肪，这是一种自然的倾向。

现代人早已解决了温饱问题，对大多数中国人而言，现在的慢性压力可能是其他任何事情，唯独不是饥饿。但是，就像演讲例子中的“战逃反应”一样，大脑不会清晰地区分过去和现在，当我们焦虑时，居住在心灵最深处的那个“远古的我”，依然认为荒年又快到了，囤积脂肪使我们得到一种发自本能的安慰。而当前，孩子们承受的慢性压力与成人相比，有过之而无不及。

另外，同样是囤积脂肪，我们和祖先面对的食物是有差异的。

原始人的进食是满足身体的需要，而我们的进食则多为满足口舌的喜好。随着烹饪技术、食物精加工技术和味觉添加技术的发展，食物的欺骗性越来越强，我们摄取的大多是身体并不需要的食物。原始人营养够了就饱了，我们营养够了却未必获得“饱”的感觉。所以，减肥在很多时候并不仅仅是一个毅力的问题，还有对食物和进食需求正确认知的问题。

有些青春期的孩子喜欢吃的食物，表面上看体积非常小，实际上早已造成热量过剩和脂肪堆积，并且有些食物会抑制身体向大脑释放“我已吃饱”的信号，再多的节食与运动也不能抵消这种囤积，于是进入恶性循环。此时减肥就像绑着石块在水中挣扎，固然悲壮，却几无希望。

体重相同的两个人，一个肌肉多，一个脂肪多，谁轻谁重？这两人一起静静地坐着，什么也不干，谁消耗的热量多？

## 四、胖子们肯定做错了什么

### 1. 减肥，是一个系统的调整过程

一般而言，同样体积的肌肉比肥肉重三倍，所以同样体重的两个人，肌肉多的那位，体型本身已经比脂肪多的那位苗条很多。而更重要的是，肌肉多者身体的基础代谢率一般会高于脂肪多者。换句话说，两人只是一

起静静地坐着看风景，消耗的热量反而是前者更多，这简直就是“马太效应”。

所以，我们要告诉那些在青春期疯狂节食的孩子，减肥不是摄入与支出的简单加减法，而是一个系统调整的过程。越是过度节食、过度消耗，身体的基础代谢率越会因为功能紊乱而越来越差，因为饥饿会进一步降低人体的新陈代谢水平，导致体质虚弱，而且可能会越减越肥。

2. 减肥，是生活方式，更是一种生活态度

有些人觉得，只要不是完全遗传性的，谁都有不知不觉胖起来的时候，这期间一定有个潜移默化的过程，在濒临形象崩溃的临界点时，你们这些准胖子，都干吗去了？为何不及时刹车？

有时就连胖子们自己也会这样看，有些胖孩子感到自卑的原因，不全因为身材不好看、行动不敏捷，也有因为感觉自己做错了事，要负责任，至少是毅力不够，抬不起头。

其实大多数肥胖的孩子内心都很想要减肥，但他们怕受到嘲笑不敢告诉大家，更怕减肥失败后，受到二次伤害。减肥者的痛苦在于，这是一段需要时间而且看不到头的旅程，不像发奋冲刺一下的期末考试那样，他无法证明自己当下的成功，也没有办法对抗嘲笑。于是有些孩子就表现得无所谓，对外宣称自己根本不在乎有多胖。加上父母不注意去观察和理解孩子的心理，认为孩子没有动力，需要给他一个动力，便时常有意无意地用各种语言刺激孩子去减肥。这样一来，反而更加重了对孩子自尊的伤害，使得孩子更加封闭退缩，不敢表达对减肥的渴望。

其实，我们可以换个角度和孩子聊聊关于“肥胖”的话题：除了把过度肥胖的身躯带进坟墓的人之外，任何一位还活着的胖子，就没有减肥失败的说法，最多可以描述为“到目前为止尚未成功”。

减肥是一种生活方式，是一种终身的习惯，更是一种生活的态度。哪怕是曾经苗条的人，放弃了健康的生活方式，也一样会发胖，所以关于

“减肥”，大家都一样，永远“在路上”。认识到这一点，将战线拉长，以“在路上”的心态去减肥，就能坦然面对极少数人的嘲笑，也更能有毅力坚持下去。

3. 大多数的中学生根本不需要减肥

调查表明，有超过74%的中学生其实根本不需要减肥，他们只是存在对体重或体型的自我感知障碍。这表面是生理问题，实则更多的是心理因素，主要包括在以下三个方面：

（1）青春期固有的体貌焦虑心理。人不烦恼枉少年，青春期的孩子正处在两性爱慕的发展阶段，对自己外形、体貌的烦恼是家常便饭，不烦恼发胖问题，也会烦恼身高问题、少白头问题、青春痘问题……孩子心中有个小目标，每天总想解决点外形上的不完美，这并不是坏事。

想减肥和想化妆的心理差不多，也是尊重他人和社会的表现，正确引导即可，不必如临大敌。

（2）社会心理方面的问题。随着生活水平的提高，国人的审美一瞬间进入“敬瘦蔑肥”的阶段，这有时代性，同时也有时代局限性。一个成熟的社会，应是既有对青春“鲜肉”的赞美，也有对岁月沧桑的敬仰；既有对燕瘦婀娜的惊艳，也有对环肥玉润的欣赏。胖瘦这回事，只要无伤健康，都是好的。家长完全可以告诉孩子：等你成年后，说不定骨感美女早已被大众抛弃，带点肌肉线条甚至圆嘟嘟的女孩会更符合未来的审美。这从本质上来说也只是一个时尚轮回的事，不必较真。与其拼命追赶，不如在前方等待。

（3）父母正确的陪伴。对于青春期的孩子而言，现在以繁重学业为中心的生活方式本身就会带来很多健康问题，高血压、糖尿病和近视眼的比例已经远高于他们的父辈和祖辈。很多时候，孩子要么没有时间运动，要么不被允许运动，除非父母爱好运动，并且支持、带领和陪伴他们运动，培养他们良好的运动习惯。否则孩子就算不发胖，也会存在其他健康问题。与其负罪式地去减肥，不如充满希望地爱运动。

## 五、为减肥任务清单瘦身，最后只剩下了这一项

减肥最大的敌人是什么？

回答：是目标庞大、项目繁多的任务清单。

减肥的任务清单如何“瘦身”，同时又能带来好的效果呢？

回答：改变那些能改变的、需要改变的，就足够了。

对清单内容进行三步厘清，清楚地知道，在哪个环节该做什么，对哪些目标不宜执着，能帮助孩子和家长放下很大一部分焦虑。

第一步，厘清先天因素与后天因素

肥胖的原因，有先天的遗传因素，也涉及后天的生活方式。前者是我们目前无法改变的，后者才是我们努力的方向。

第二步，厘清内部健康问题与外在习惯问题

有些肥胖的孩子，父母其实都不胖，他们既不是因为遗传因素，也不完全是由不良生活习惯导致的。对这部分孩子而言，不良生活习惯只是一个“扳机”，扣下这个扳机，触发的并非直接是“肥胖”这个后果，而是先导致了孩子存在其他方面的内部健康问题（比如糖尿病等），才间接导致了肥胖的产生。对此，家长应带领孩子认真接受医学指导，用医学、药物手段先行解决肥胖背后的内部健康问题，否则一味逼迫孩子，孩子会很绝望的。

第三步，厘清日常健康行为与特定的减肥行为。

后天生活方式当中，一半是我们健康且习惯的日常行为，比如早睡早起，清淡饮食，等等。这些无论胖瘦，只要为了健康，大家都在坚持的良好生活习惯，就不要刻意放进清单了，以免造成“全世界只有我们胖子这么辛苦”的错觉；我们真正需要放入“减肥任务清单”的，只是减肥所特

定需要的那部分目标。我们提倡家长给孩子灌输这样一种理念：我们不会因为减肥而刻意去做和正常人不一样的事情，我们首先是正常人。

那么，什么才是“特定的减肥目标”呢？我们最需要抓住什么呢？

“减肥任务清单”中体重、腰围、生化指标、饭量、视觉效果一把抓，孩子和家长在心理层面上要照顾的东西过于庞杂、繁重，让人望而生畏，很容易半途而废。青春期中正在长身体的孩子体重数值、饭量大小本身也包含有合理增长的部分，每天测量体重、控制饭量，其实完全就是一笔糊涂账，只能给家长一个心理安慰。

事实上，减肥过程中，最需要关注的核心目标只有一个：控制腰围。

扔掉体重秤，买一根皮尺，只测量腰围就好。因为这个指标，几乎综合了控制肥胖所要带来的所有问题，对非专业人士而言，简单明了，一纲百目。

腰围控制得好，体型和生化指标等很多问题都会连带解决。在躯干和大腿不可能迅速消瘦的情况下，一个相对较小的腰围尺寸，对改善体型能达到点睛之笔的奇效。

更重要的是，腰围得到良好控制的人，意味着内脏的健康程度更好。

粗壮的四肢和臀部并不会使我们患高血压、冠心病、糖尿病……但粗大的腰部会。因为四肢的脂肪，大多为皮下脂肪，而腹腔内的脂肪，却是 “肉下脂肪”。很多大腹便便的男士会惊讶地发现自己的腹肌竟然还很坚硬，原因就是腹部大量脂肪的囤积地点在腹腔内部，而非皮下。因为紧靠内部脏器，腹腔内脂肪才是对人体健康有真正威胁的脂肪，同时也最容易扼杀本来已有的减肥效果。因为这部分脂肪，一是靠近肝脏，更容易被其便捷取用，形成脂肪肝；二是压迫肾脏等脏器，导致血压调节等功能受损，带来全身性问题；三是长期的慢性压力催生人体释放激素来清除压力，而这些激素又进一步提高了腹腔储存脂肪的能力，形成恶性循环，压力越大，腰围越大。

所以，我们建议，对青春期的孩子而言，不谈减肥，不谈减重，不谈瘦身，好好控制腰围，采取措施严格控制腹部的脂肪。当腹腔脂肪下降，整个人的身心变化才是系统性的，内心的希望也才是充实饱满的。

减肥，不能一蹴而就。所以，关于减肥的话题，我们关心的不是能不能一下子变美，而是有没有已经走在正确的、通向美的路上。抓减肥和抓学习有相似之处，因为这两条路都应当是健康的、优雅的、轻松的、科学的、终生的，而非悲壮的、疲惫的、盲目的、短视的。

制片人手记

## 忠于减肥之路　始于无动于衷

减肥的话题简直可以列为国民话题了。

“青春期”们在聊减肥；姑娘小伙在聊减肥；产后妈妈在聊减肥；中年男人在聊减肥；广场舞大妈在聊减肥，就连老人家们也把“千金难买老来瘦”挂在嘴边……

曾经，有句签名叫：“我要瘦成一道闪电！”这句惊天地泣鬼神的响亮口号，比天公的电闪雷鸣还要有气魄。

问题来了，瘦成闪电，是瘦给谁看？瘦成闪电，是想闪瞎谁的眼？为什么想瘦？还要瘦成闪电？

写下这段文字的时候，正是午夜时分。

鬼使神差，我走到书柜前，弯下腰，在最角落处找到一堆20世纪出版的碟片，抽出了一张“卡朋特纪念金曲集”，缓缓放入电脑光驱内。

很快，音响里，低低传来一首欧美经典老歌*Yesterday Once More*，无比亲切，这段成长岁月中的不朽过去，在充斥着喧嚣的今天，再一次引领我驻足音乐殿堂。主唱卡伦·卡朋特那如巧克力般丝滑的柔和嗓音，流露出浓郁的怀旧风情。

当时很多中国人听到的第一首或第一批英文歌曲里，就有这首卡朋特组合演唱的*Yesterday Once More*，正是她洗尽铅华质朴自然的女中音，疗愈了我一段丢失的初恋，也抚慰了20个世纪80年代很多渴望慰藉的心灵。

然而看上去无忧无虑、温情甜蜜的她却在年仅32岁时因神经性厌食症过早逝去。

这是一个悲伤的减肥故事……

1950年，卡伦·卡朋特生于美国康涅狄格州，哥哥理查德比她大3岁。

理查德4岁时就开始跟着老师在家里学习手风琴，8岁时对钢琴产生浓烈的兴趣，由此对音乐产生了狂热的喜爱，他的演奏功力与日俱增，15岁时已经是一位天才钢琴家，能轻松演奏任何到手的曲子。

妹妹卡伦自小就非常崇拜哥哥，能和哥哥一起唱歌成为她最大的荣耀，并从小在哥哥的影响下学习乐器，高中加入军乐队时被分派了敲铁琴的工作。鼓槌挥舞中，她逐渐领悟了打击乐器的秘诀，很快就可以跟着许多爵士乐大师充满挑战性节奏的唱片一起欢动鼓舞，卡伦成了一名优秀的鼓手。

然而孩提时代，卡伦开始因为超重而受到嘲笑。17岁时，被哥哥称为“胖家伙”的她重145磅，卡伦的母亲则认为她不可能摆脱身材问题。

1968年，理查德和卡伦兄妹俩组建了“卡朋特乐队”组合，哥哥理查德负责编曲、和声、录音、制作等工作，妹妹卡伦是一名出色的鼓手兼主唱，她的声音辨识度很高，嗓音优美自然，略带感伤，喜欢的人会深深迷醉其中，被披头士乐队约翰·列侬称为“完美的声音”。

在著名经纪人德纽文的帮助下，兄妹组合进入了美国流行乐坛。

1970年一曲《靠近你》（*Close to You*）使卡朋特乐队一炮走红。

很快，乐队如日中天，红极一时。他们一共推出了四十一张唱片，几乎都是自己作词作曲，销售量超过八千万张，并且曾经夺得过三座格莱美奖。从1969年起的十余年间，一直是全世界最受欢迎的音乐团体。兄妹俩以价值观正确、歌曲阳光健康、个人生活没有负面影响等被美国政府褒奖，被尼克松总统誉为美国青年杰出代表，成为无数美国青年的偶像。

成名之后，来自社会的各种舆论也接踵而至。由于当时美国社会普遍对鼓手这个角色并不了解，更何况卡伦是女鼓手还兼主唱。人们不希望在看演出时，发现一个声音甜美的女歌手被大大小小的爵士鼓挡着，他们要求卡伦走到舞台中间唱歌，从此，卡伦不得不告别她心爱的鼓，变成了一个舞台中央聚光灯下专职的歌手。

然而，当卡伦走到台前之后，人们在陶醉于她的歌声的同时，开始津津乐道起她的身材。关于她身材的各种报道开始出现在媒体上，使用了诸如“圆胖的”，甚至“丰满的”“略丰腴的梨形身材”这样的词汇形容她。在读到对自己体重饱含苛刻评价的文章后，卡伦开始节食。她的体重不断下降，淋漓尽致凸现出肋骨的身材干瘪得如同她的心。

在当时不宽容的社会环境下，她日渐消瘦，到1975年的时候，体重只有41公斤，当时她忧郁地唱道：

Talk into myself and feeling old（我对自己说我已老）

Sometimes I'd like to quit（有时我想要放弃）

Nothing ever seems to fit（一切于事无补）

Hanging around（环顾四周）

Nothing to do but frown（什么也不想做，忧愁缠绕着我）

Rainy Days and Mondays always get me down.（雨天和周一总让我沮丧）

## 【01】缺失的母爱

但是，让事情变得更复杂的是卡伦和母亲之间的矛盾。

据朋友说，卡伦的母亲Agnes毫不避讳地偏爱理查德。卡伦的母亲从来没有赞扬过卡伦是个好歌手。

1972年卡伦从日本巡演回来后，很高兴地把礼物给母亲看，可是母亲并不热情，嘟囔了一句："你怎么没有和我商量！"然后热情地叫兄妹俩去看看她给兄妹俩装潢的房间，并把卡伦送的衣服草草脱在地上，这些细节深深地伤害着卡伦。可是母亲Agnes并不觉得，因为她习惯这样对待女儿了。

音乐制作人Ramone记得最初卡伦看起来很健康，吃饭也和旁人无异。但是1979年秋天卡伦返回纽约继续录音时，Ramone回忆说，他看到的卡伦是80磅的"奥斯威辛集中营身材"，随后又发现家里到处都是卡伦用的轻泻剂。他怀疑卡伦给父母听了之前录制的几首歌，并未得到赞许。

卡伦充满控制欲的父母在其25岁时仍然反对她独居，这在美国是极为少见的。卡伦最好的朋友Frenda Franklin说，"你们都知道卡伦和理查德很有才华，他们都很听从父母的安排，不论是合作还是签约唱片公司，都是母亲来决定他们的生活"。

当兄妹拿到白金大奖的时候，母亲打电话祝贺他们，卡伦在电话里喊道："妈妈，我们拿到了白金大奖！"

"哦，好的，我就知道你们会拿到的，你们是最棒的，我为你们骄傲。"

但是母亲的祝福语让卡伦感到失望，因为母亲好像什么都知道，觉得都是应该得到的。

当卡伦在很长一段时间里服用泻药的时候，当卡伦嫌弃自己体型的时候，她的母亲Agnes没有察觉，只是关注他们的成功，很少与他们进行心灵沟通。

卡伦在生活中从来没有独立决定一件事，她的生活只有家人，她不会和人交往；卡伦没法谈恋爱，当哥哥带女友回来的时候，卡伦和哥哥大吵一架，还要求解散乐队，因为陌生人在家卡伦会感到不安。

她那么在意别人对她的评价，她从不知道自己是谁。

卡伦的闺蜜透露，卡伦的父母从来不会给她任何亲吻和拥抱。

卡伦不是在与自己的体重顽强搏斗，而是在和内在那个饱受挑剔的孩子激烈抗争。直到她死于父母怀中，终于得到母亲的拥抱，得以感受母亲的温度。

## 【02】严苛的哥哥

卡朋特兄妹的一位同事说："这对兄妹录制唱片的方式很有意思，理查德把基本的旋律弄出来，然后卡伦开始唱。理查德在录音室里是个暴君，卡伦要花很多的时间在她的歌唱部分上，同时她对自我的要求也相当严格。"

另外一位同事也补充说："卡伦总是听任理查德的摆布。"

著名歌手兼唱片制作人贝瑞·曼尼洛曾经仔细观察过这对兄妹，他也指出，卡伦对兄长极度崇拜："她无法用言语完全表达自己对哥哥的推崇。对她来说，理查德是个天才。"

在卡伦29岁以前，她一直不知不觉地扮演着理查德这个长她3岁的钢琴神童的追随者，她无法表达个人的想法，甚至想要有些想法的念头都淹没在理查德的个人意见和整个乐队的成功里。

29岁这年，卡伦终于明白了自己出色歌喉的重要性，并决定出一张属于自己的专辑。

曾经为卡伦治疗“厌食症”的专家说：“我确信她在知道了乐队的重心在自己之后，觉得自己必须更加进步，这种压力是相当沉重的。”

当重压来临，卡伦应对和缓解压力的方式在专家看来相当典型：“当你开始掌握了过去向来由别人替你控制好的生活时，那个感觉是非常令人兴奋的。但卡伦无法应对，当她感觉到无法掌控其他事情的时候，她至少可以控制每一口进入她嘴里的美食。”

1980年1月，象征着卡伦开始独立的个人专辑最终制作完成，从21首歌中选了11首。剩下的就是唱片公司总裁试听的程序，应卡伦的要求，哥哥理查德也参加了试听。

死一般的寂静。

“卡伦期待着他们每听完一首歌能起来拥抱她。”制作人Ramone回忆道。“但他们坐在那里一动不动。”

当时理查德对卡伦专辑的批评最为尖锐。他说：“这些歌太软，曲调对卡伦也太高。”此外，他还指责卡伦在一些歌曲里偷用了“卡朋特”式的和音。

卡伦的闺蜜忿忿不平地说：“没人强迫理查德必须喜欢这张专辑。但他至少可以支持他的妹妹，结果他没这么做，这使卡伦心中和他永远有了裂痕。”

“卡伦不是个屈服于眼泪的女人。”制作人Ramone回忆道。“她沮丧时，只是拒绝进食。”但那次唱片公司会议结束后，大家走到很远时，卡伦溃倒在制作人Ramone的怀里。

只有卡伦为数不多的好友才知道，卡伦尝试个人专辑的动因是哥哥理查德。

1976年前后，理查德创作金曲的才华逐渐枯竭。美国人开始丢下那些慢如蜗牛、甜得发酸的卡朋特歌曲，转而更喜欢音调悦耳的迪斯科乐队歌曲。唱片销量的下滑，使得理查德服用安眠酮成瘾，到1978年底已经不能演出了。

卡伦告诉哥哥自己不想闲着无事可做，希望能够独立做一张专辑，理查德认为这是“背叛”。经过卡伦几个月的不断恳求，理查德终于让步，但有一条“不准做迪斯科音乐”。

在距离卡伦去世后13年，哥哥理查德打算发行这张专辑，并询问制作人的妻子Ichiuji“专辑中有无卡伦的献辞?”Ichiuji翻找自己的便笺终于找到了献辞:“最真心地献给我的哥哥理查德。”

Ichiuji解释说，“把这张专辑献给理查德，她的意思是说，我这么做是为了你和我。接受我吧，我这么做是为了我们”。

理查德在电话那头痛哭失声。

1983年2月4日，长期患有厌食症的卡伦，心脏在那一天停止了跳动。年仅32岁的她就这样绝尘而去，带走了她该带走的所有，留下了她已留下的一切。之前在《献给你的一支歌》中，她就唱道:“当我的生命完结时，要记得我们曾经在一起。”

无论歌声还是人品，卡伦都是无可挑剔的。她是一个极度的完美主义者，一生中从未放纵自己的行为，她滴酒不沾，从来不喝比冰红茶更浓烈的饮料，更不碰毒品。

她没有任何叛逆行为。

她的纯洁在娱乐圈里属于难得的异数。

然而，这个毕生追求完美的歌手，最终成了厌食症的牺牲品。

她遵从社会规则并渴望社会认同。

她不能容忍自己“不完美”，她对社会主流审美的迎合远远超出了正常限度，成了一种病态。

就像她遵从母亲和哥哥的规则，并渴望得到亲人的认同。

就像她去迎合强势的母亲和哥哥那样，为了表面的和平，放弃自己内心的需要。

久而久之，卡伦无法控制内心的恐惧和焦虑，她所能控制的只是自己的身材。

在没有得到真正的爱之前，卡伦永远觉得自己还不够瘦。

## 【03】忠于减肥之路　始于无动于衷

我有一闺蜜，非常要好的闺蜜，但凡约吃饭，只回我一句："减肥呢，换点儿别的。"

终于有一天，我忍不住告诉她："除去个人生理因素和遗传因素，从精神分析角度看减肥的本质，是在争夺母爱！减肥者自己多多少少具有完美主义倾向，而且喜欢把家里收拾得一尘不染，整齐划一……"

一句神叨叨的话把她留在了餐桌上，我们边吃边聊。

"你刚刚说，减肥的本质是争夺母爱？什么意思？"闺蜜不解。

"小屁孩儿不好好吃饭，要么拒绝进食，要么贪吃狂吃，亲妈会咋样？"

"急呗。"

"然后呢？"

"想着法儿让孩子能好好吃饭呗，这跟减肥有啥关系？"

"妈妈想尽各种方法，让孩子好好吃饭，这个行为其实孩子心里明白，这就是母爱。所以，当妈妈不再关注孩子的情感世界，忽略了孩子，或者跟孩子没有情感上的交流沟通，孩子就会用不好好吃饭这个套路试图重新唤醒母爱，就想看到妈妈慌里慌张、焦虑无措的样子，妈妈有了这个样子，孩子心里就踏实：哦，妈妈是爱我的。"

几句话打开了闺蜜的话匣子。

闺蜜从小到大，从未让父母操心过。无论学习成绩多么好，排名多么名列前茅，父母也从未赞许过她，她就像透明人生活在父母身边，父母对她无动于衷。

和小伙伴们玩到天黑，小伙伴们急急忙忙回家，生怕挨揍，闺蜜也假装和小伙伴们用一样的表情说："哎呀，我要挨揍了。"实际上，无论她多晚回去，父母都不会操心，也不会责备。

看起来，这是一个非常民主的家庭，闺蜜在令人羡慕的宽松环境中长大。

闺蜜一直以学霸的姿态一路走来，但她却说："我一直都不知道我的优秀，直到妹妹进入我曾经读过的中学，直到我的班主任成为她的班主任，直到妹妹从学校带回来老师对我的高度评价，我才知道，原来我很优秀。"

"因为从小你爸妈就没有夸奖过你，你得不到外界的评价，你不知道你是怎样的一个人。好在你读的书多，自我成长得很好。"

我去过闺蜜家，目光所及之处都是书，包括卫生间的一个墙壁，矗立着一个狭长的书柜，上面摆满了书。

但是闺蜜告诉我，家里最多的不是书，而是钟表和磅秤。

"在每个房间，包括玄关、厨房、卫生间的墙上都挂着钟，我要随时能看见时间，我要随时控制好时间，在有效的时间里高效地做事；我在每个房间都放着一个磅秤，我要随时知道体重的变化，以便有效控制它。"

闺蜜说得最多的词是"控制"！说得闺蜜自己都警觉起来："咦，我为什么用了这么多的'控制'？我为什么要'控制'？"

"增加自己对生活的控制力，寻求一种安全感和自我价值的认同，讨好那个完美主义的自己。这些都源于你小时候没有得到来自父母的充满爱的情感滋养。"

说到这儿，我明白了闺蜜的这句话：忠于减肥之路，始于无动于衷。

"天啊，我感觉到了，我正在用我妈妈对我的方式对待我女儿。"

正在读高中的女儿，理性冷静，和闺蜜说话的方式就是1、2、3、4、5，罗列得干净利落、条理清晰。妈妈的回复也是如此1、2、3、4……母女俩就像生活在谈判桌旁，没有任何情感。

闺蜜恍然大悟，“以后我再跟女儿说1、2、3、4……的时候，前面至少加上一句表扬，加上感情色彩。”

减肥，减的不是肉，而是在渴望增加情感的重量。情感犹如一个人的基石，底子单薄，大厦再高也是摇摇欲坠。

我和闺蜜聊得太欢，她又告诉我关于她的闺蜜的同类故事。

她的闺蜜人美心善是博士，在高校当老师，但是婚姻不断上演着失败的戏码，而她本人在市内很多家健身房办了年卡，一有空，博士闺蜜便奔波在减肥的路上。虽然很多人跟她说：你很漂亮，你一点儿也不胖。但她听后，无动于衷，因为她从来都不满意自己。

这位博士闺蜜，也是个学霸，有个弟弟，一事无成，初中没毕业。但无论姐弟俩如何优劣有别，父母都一如既往地喜欢着弟弟，忽略着姐姐。

直到现在，父母仍和弟弟住在一起，帮着弟弟带孩子，全然不顾博士闺蜜离了婚，一个人拉扯着孩子。

从小到大没有父母情感的输入和滋养，到了谈恋爱的年纪，突然有个男人表现出对博士闺蜜非常好，她立即就把自己嫁了，之后才知道完全是桩不匹配的婚姻，再匆匆离掉。

现在，这位博士闺蜜又把自己匆忙嫁给了一个离异的中专学历技术工人，那人带着一个18岁的儿子。一下子进入两个陌生男子的世界，博士闺蜜的精神层面面临巨大挑战。

与完美主义形影不离的是低自尊，总觉得自己不够好，只有将事情做到尽善尽美，把自己的身体控制得尽善尽美，才能弥补自己所能觉察到的无助感，才能得以变相确立自己的独立性。

作为“胖女神”的阿黛尔（Adele）有句最著名的名言：我不会减肥，除非肥胖影响到我的生活！

这简直是“帅”炸了的宣言啊！我喜欢！

# 移动的小火山

08

一切原谅，都始于理解。当你懂得了孩子，孩子也懂得了你。亲子沟通，本不应该是那样面目狰狞的过程。青春期，应该是一场父母与孩子共同完成的蜕变。

移动的小火山

## 故事梗概

包子（化名）是个女生，芳龄16岁，小时候胖乎乎肉嘟嘟，妈妈给她取了昵称“包子”，一直喊了16年，其实16岁的包子已经是如花似玉的大姑娘了。从初三到高中阶段，包子动不动就发脾气，家里矛盾冲突不断，母女之间动辄会为一些说大不大、说小不小的事情发生争吵，这骤然间的变化令妈妈难以接受！

比如包子说参加定向越野等户外活动的时候，因为以前脚有陈旧伤，运动之前必须要热身，否则容易造成脚伤复发，妈妈千叮咛万嘱咐包子运动前要热身到位，女儿觉得妈妈太啰唆，于是母女俩拌嘴不断。妈妈用尽各种办法盯着女儿背英语单词，但是也不断被包子怒怼：“要是不喜欢我，完全可以再生一个，生二胎，或者领养一个，认个干女儿都可以，反正我就是我，我觉得没有必要去学别人，我爱背多少个单词就背多少个单词。”妈妈说小时候那个可爱的小“包子”如今成了一座移动的小“火山”。

专家心语

# “火山”下的潜台词

/ 为什么包子时时刻刻要发火？

/ 为什么当着外人的面也发火，丝毫不给妈妈留面子？

/ 为什么好的建议她也没有耐心去听？

/ 妈妈到底做错了什么，使得包子怒火相对？

包子是个女生，正值青春期。

包子爱发火，从初三到高中这个阶段，动不动就会发脾气。在家里和妈妈的矛盾冲突很严重，经常一点就炸。

即使在节目组工作人员面前，包子也压不住对妈妈的火。

几乎任何一个话题都会激发她的怒意，她心底仿佛有个火药桶，这在参加节目的小嘉宾中是不多见的。

要想彻底弄明白包子无名之火的根源，就让我们来一起重新解读每个人的原话，从中一窥端倪。

/ 为什么孩子会用更大声、更火爆的语气和你说话？

/ 为什么你给予的，总不是孩子想要的？

## 疑问一：为什么包子时时刻刻想发火？

包子经常参加定向越野比赛，但由于受过脚伤，赛前热身显得非常重要，这既是比赛获胜的前提，更是避免伤情加重的保证，身为亲妈，关心放在第一位，那是必须的，但妈妈的关心也能激起包子的万丈怒火，这是为什么？

片段一

包子：关于热身方面，我的脚确实受过很多伤，但是在一些国家级的比赛中，就是赛前，我会非常非常紧张。在那种极度紧张的情况下，所有的运动员都会选择去热身，但是我会选择在我的出发批次前10分钟开始我的9分钟热身。因为其余时间我会坐在那边，缓解自己的压力。

原来，赛前那一刻，包子最担心的不是脚伤问题，而是自己的心理压力问题。

关于脚伤，她有着非常专业的热身时段安排，心中有数，不会造成严重后果；但关于心理压力，她心里是没底的，她要优先解决压力问题。此时此刻，陪伴自己参赛的无论是爸爸妈妈，还是亲朋好友，她需要的是任何可以帮助缓解压力的东西。

这个时候，妈妈是怎么做的呢？

片段二

妈妈：她参加定向越野，户外活动的时候，因为她以前脚有过陈旧伤，运动之前必须要热身，她经常会偷懒，没有热身到位，然后造成脚伤复发。

包子：她就会一直在旁边催我，这边脚踝有没有热身过，活动过？有没有跑够？有没有出汗？然后现在天气冷，赶紧先穿一件衣服！护腕戴没戴好？指北针拿没拿好？这些话，我觉得没有必要。她会在赛前增加我的压力。

包子不想那么早热身，一是因为希望优先解决心理压力问题；二是因为她有着自己对热身时机的选择和理解，无论从专业角度来说是否合理，都不是妈妈所说的“偷懒”。

我们从对话中可以看到，妈妈完全误解了女儿的需求，也误读了女儿的行为。孩子说的是一回事，妈妈听到的是另一回事，就是这种不被理解的感觉，造成了孩子内心情绪的积压。

误解了“需求”，自然会提供不对路的“产品”。

妈妈认为，包子此时最需要的帮助，就是不断地督促、催促，用外力监督她不要“偷懒”，反而和包子内心中最大的需求——缓解心理压力背道而驰。

可能大部分人会理解妈妈出于好心，而我看到的则是妈妈的关心中透着一种懒得为孩子改变的“自私”。

有人会问，妈妈顶多是好心办坏事，何来“自私”之说？

这涉及妈妈无意识层面的选择。

解读：妈妈的关心透着一种懒得为孩子改变的“自私”。

在意识层面，天下的妈妈都是一样亲；但在无意识层面，妈妈们的“自私”无处不在。

包子在赛前希望缓解心理压力的需求，应该已经不止一次地告诉过妈妈，但是妈妈始终不懂。一个人的无数次表达都不被你听到，没有理解困难的话语，你就是听不懂，或是听懂了却不以为意，她自然会选择用更响亮的声音、更火爆的脾气让你“听”到。从这个意义上说，包子的性格有一部分是被妈妈的“选择性听不见”“选择性听不懂”给制造出来的。

无论妈妈是没听到还是没听懂，有一点可以肯定的是，妈妈并没有认真给予过包子最想要的“关心”，而是一次次地逆需求而为之。这是为什么？

1. 妈妈对女儿的成见。其潜意识语言是：“她只要不听我的，就是想偷懒，不会有其他原因。”

2. 转嫁自己的焦虑。其潜意识语言是：“热身这么重要，不热身她就会受伤，她一分钟没完成这件事，我就一分钟不踏实，我得催促她抓紧完成，这样我才能不焦虑。至于会不会增加她的焦虑，我就管不着了。”以及“我认为不受伤比获奖更重要，她如果受伤，会让我受不了，我要先把自己受不了的事情解决掉，热身时机和心理压力什么的我不管，比赛成绩是她的，娃是我的。”

3. 自己不愿成长和改变的惰性。其潜意识语言是：“假如她是对的，我就得改变自己的价值观去适应她，这太辛苦了。我还是使用我熟悉的套路吧，我时不时叮嘱一下就完成了我应尽的义务，这样做很轻松，轻车熟路，不需要去了解她和别的孩子有什么不同。”很多时候，人会不知不觉困在自己明知道无效甚至有害的行为模式中，就是不愿意走出来，仅仅因为那是熟悉的、舒适的模式。

4. 满足自己是个“好妈妈”的心理。潜意识语言是：“就算我知道话多了会导致她更紧张，但是我什么都不做，我就不是一个好妈妈，还是坚持多叮嘱她一点儿吧。天下妈妈都会这样做的，谁也不能说我做错了。”

在这样的潜意识引导下，妈妈满足于自己一直在关心着孩子，但这种关心是教条的、程式化的、完成任务的、仅仅满足于自己心理安慰的，并没有站在孩子的角度考虑问题。孩子不但感受不到这种关心给自己带来的任何益处，反而感到处处受掣肘，更不要说能指望妈妈安抚自己的心理焦虑了。

本来孩子自己能做好的事情，被妈妈一“关心”，反而成了心理负担，这种感受本身就是压抑的，再加上自己的心理需求长期不被理解、不被看到，于是孩子总有一种随时想要爆发、想要吼着说话的心情，也是可以理解的了。不是说包子这样做就是对的，而是说，这背后的原因是可以理解的，也是应当被理解的。

/ “言而无信”的背后，孰是孰非？

/ 不被理解的背后，有着怎样的潜台词？

## 疑问二：为什么当着外人的面也发火，丝毫不给妈妈留面子？

节目中，我们清楚地看到，妈妈克制自己情绪的能力、包容专家不同观点的能力都比较强。而包子在很多话题上，几乎很快进入对抗的情绪状态，虽然没有争吵、发火，但言语充满攻击性。

片段一

现场专家张纯老师敏锐地指出："包子刚来的时候，我看她讲话还行，讲到某个环节的时候，包子其实已经有情绪了，当着我们的面，其实就已经有情绪了。"而张纯老师对妈妈的点评是："妈妈一开始一脸慈眉善目的样子，我看后面等包子一讲话，就开始很无奈了。这说明什么？说明孩子现在的这种状态，你实际上已经不适应了。"

包子一直是愤怒的，她的愤怒体现在她一直在激烈地表达，表达中甚至充满了对妈妈的冒犯。

但是，假如我们忽视她的声音、她的表情，不难发现，她所陈述的内容几乎句句一语中的，直接点到问题的本质。

就拿妈妈给她安排了第二天录节目这件事举例。

片段二

妈妈微笑着说："你怎么能说变就变？"

包子反问："我怎么说变就变了？"

妈妈依旧微笑着说："约好的事情，还能变卦呀？"

包子继续怒怼："什么时候跟你约好的？"

妈妈继续微笑着说："你言而无信。"

包子更加来气了："我什么时候言而无信了？你跟他（导演）约的时候，你跟我讲了吗？言而无信的人又不是我，是你好不好？你约导演的时候，你问过我了吗？凭什么随随便便决定我的时间啊！搞不搞笑啊你！"

妈妈不再说话，本已进了家门的包子，就这样不管不顾地摔门而出。

谁对谁错？孰是孰非？你看出什么了吗？你会怎样评判？我们怎样看待这个现象？

解读：妈妈的关心透着一种懒得讲理的“温和”。

1. 包子和妈妈在情绪上的差异。表面上看，肯定是包子不对，一副耿耿于怀的样子，而妈妈颇有风度，始终面带微笑。

这是“虚伪”吗？当然不是！妈妈的这种状态是意识层面的选择。在社交场合，大人比孩子更懂得克制情绪，是修养的体现，那种一不开心就溢于言表的所谓“真性情”，反而是一种不成熟的表现。

2. 包子和妈妈在态度上的差异。妈妈的问题不在于礼节性地克制情绪，而在于一种不在乎问题是否得到解决的态度。这是包子和妈妈的根本不同。

在整个对话中，妈妈虽然全程态度温和，但表达的信息混乱，给包子下定义也很武断；包子虽然情绪激动，但句句讲的是逻辑、是道理，最终还是她把事情说明白了。

妈妈的原话是：“你周六不是参加定向越野吗？我给你约了录节目。”这里面的逻辑很奇怪，因为按照生活经验，这天有事干吗还安排别的事情？之所以会出现这种奇怪的句式，是因为妈妈省略了一些内部心理活动的语言，她认为这些语言不必跟包子说清楚，包子也应该能明白的。假如将妈妈的内心信息补上，也许是这样的：“你周六不是参加定向越野吗？（我觉得定向越野不重要，并且我想，你也一定是这样看的，所以）我给你约了录节目。”

大家可以看到，要补足这部分信息，这句话的逻辑才通顺。信息补足了，包子发火的答案也就显而易见了：

从浅层来说，妈妈没有尊重包子的时间安排，自说自话地认为这次的定向越野对包子并不重要，因此安排了录制节目的事儿，这让包子有一种不被理解的感觉，心情当然不好。

我们时常不被身边的人理解，但也不至于到怒气冲冲的地步，除非对方压根就没有打算理解我们。

“不理解”的背后，有理解能力的问题，更有态度和愿望的问题。

态度和愿望这个层面代表着：“我在此人心中，只是一个可以被随意安排的躯体存在，而非一个值得他（她）感兴趣深入了解的心理存在。”这种感觉，即便是成人也不会舒服，更何况包子正处在对心理感受特别敏感、容易烦恼焦虑的青春期呢？

不被妈妈理解，可能只是郁闷，妈妈缺乏说清是非的诚意，才是让包子愤怒的根本原因。和赛前妈妈不断唠叨带来的感受一样，唠叨确实让人心烦，但它背后透着的那股子“不在乎你怎么想”，才是让人愤怒升级的根本原因。

我们自认为一个人最不需要某样东西的时候，恰恰是他一生中最需要这样东西的时刻，而且这种需求和渴望偏偏处在欲望的顶峰，这就是青春期。

我们不能忽略一点：人在有选择权的情况下主动放弃一样东西，和在选择权被剥夺的情况下被迫放弃一样东西，内心的感受是完全不同的，青春期的孩子尤其如此！因为这牵涉青春期最大的关键词：权利。

/ 为什么百分百的好话，孩子还是听不进去？

/ 为什么有了包容有了爱，还是不够？

## 疑问三：为什么包子对好的建议也没有耐心听？

片段一

当主持人提到妈妈口中“别人家的孩子”时，包子说：“他们能考高分，跟我没有多大关系，因为以后考大学是我自己的事。又不是他们上大学，我是他们的女儿，他们要是不喜欢我，完全可以再生一个，生二胎，或者找一个、领养一个、认个干女儿，都可以。反正我就是我，没有必要去学别人。”

这个态度让人感觉有点“恩断义绝”。

先别着急说包子不懂事。

你能读懂包子的潜台词吗？那就是：“既然你不理解我，也不打算理解我，还要来帮助我，我不按你说的做，你就贸然评价我，要是让外人知道了，大约也只会说我不懂事，而你含辛茹苦，我一辈子也还不完，所以求求你了，另找一个孩子，生的也好、领的也好、认的也好，你去爱她、关心她、帮助她吧，放过我。你没有精力去了解我到底喜欢什么、要什么，我其实也没有精力去判断你的要求到底是不是为我好了。”

片段二

包子妈：“学习英语的时候，别人一天刷300个单词、500个单词，她从来都不刷单词，我就搞不明白，她是怎么学会那个英语课程的。我说你看看，人家那个谁谁谁怎么样，一天考了多少分多少分，你看你，都没看你学，你也考不了那么多分。”

包子：“我们班同学在外面报一些托福、雅思机构，他们强硬地背300到500个单词，都是在家背，但是我觉得在学校的时间就够了。”

主持人：“你在学校背多少个呢?”

包子：“我在学校一天会背……大概也是300个。我不会背多，因为我觉得背多了效率也不会特别高。”

包子这段话说得有点让人不易觉察的“心虚”，真实情况可能是一天不会背到300个单词，300是她的上限，也是她在回答问题时的一种本能的形象修饰，就像一位月薪一万五六的男士可能会在回答收入问题时，几乎不假思索地脱口而出：“一个月大概两万左右。”然后再追加一句，“我并不在乎收入，因为我觉得挣得多并不一定代表人的价值就高”。

解读：妈妈的关心透着一种关系被破坏的“拔凉”。

应该说，妈妈要求包子像别人一样每天背单词，从学习方法上说是有一定道理的，毕竟语言学习靠的就是重复，在这一点上，包子并没有拿出像“赛前10分钟热身9分钟”那样的专业方案，并且成绩也不能让妈妈感到满意，应该说是有点偷懒了。但亲子教育中，最可悲的结果是关系被破坏了之后，你说的百分百好话孩子也听不进去了。

哪有孩子真的不想要妈妈的关心和帮助呢？

但是父母们可知道，没有建立在理解基础上的关心和帮助，是多么让人绝望。

有一种绝望叫，哪怕你说对了，我也认为你恰巧说对了，但并不是在理解我的基础上说对的，所以我还是不想听。你觉得催促我热身是好的，就不停地催促我热身，你觉得背单词是重要的，就不停地督促我背单词，无论你是对是错，你的教育都只是照本宣科，没有把我看作一个值得你去认真了解的人，我的独特性没有被你看到和尊重。

节目的最后，主持人徐平说：“我觉得就两个字：理解。”

“理解”二字，说到了所有问题的点子上。

很多时候，我们会认为，父母对孩子，无论做法如何，心总是好的，出发点总是好的，这个“好的”错觉会让自己甚是安慰，但同时也是一种麻醉，以至于在自以为是“为你好”的做法上一走到底。

包子的妈妈一直表现得对包子很包容，但包子丝毫不领情。因为爱不只是包容那么简单，包容的前提是理解。

增加措辞的浓度，是为了让问题现形。

包子妈是无数个青春期叛逆少年的妈妈群体中的一员，用尽心力却又无能为力。

有位著名的心理学家曾经说过：“一位母亲最大的自私，就是骨子里根本不希望自己的子女长大，离开自己。她们付出爱的深层目的，就是为了把孩子培养成一个离不开她的附属品，这个愿望可怕到她自己根本不愿意承认，而深深地压抑在潜意识深处。”语言固然偏激，但也发人深省。很多时候，我们被潜意识深处说不出口的愿望操纵而不自知，我们以为付出了深爱，但其中很大部分只是来自于对自己“做一个好妈妈（爸爸）”这种心理需求的满足，无谓地折腾着孩子。所以，英国著名的儿童心理分析大师温尼科特提出“足够好的妈妈”（good enough mother），又译“60分的妈妈”，其很大程度上就是要妈妈们时刻觉察与克制自己多出来的那部分爱，因为它们有可能只是自己潜意识中对不理性愿望的一种满足。

妈妈的各种潜意识想法当然不可能在同一时间全部拥挤、浮现到意识层面，成为能够被清晰觉察的“念头”。这些“念头”只是以价值观、心理规条等方式在“后台”运行和操纵的。就像人不可能在做每一件事的时候把自己认同的道德、法律、文化要求都在脑子里过一遍，但当下的每一个言行，又无不完美地遵循着它们的约束。父母潜意识中的教育规条也是一样，虽然无时无刻不在教育过程中发挥作用，但自己是读不到、觉察不到的，所以也很难改正。大多数情况下，“反正我是为了孩子好”的心理掩盖了太多需要觉察和改变的东西。

在前文，我用解读“潜意识语言”的方式，将包子母女的原话一句句译读，帮助双方看到自己平时不易觉察的部分，以助改变。假如父母养成了时刻察觉自己言行背后的潜意识目的、译读这些潜意识语言的习惯，就会对理解亲子关系有深刻的价值。在夫妻关系良好的情况下，尝试共同译读潜意识语言对教育孩子更为有利。

包子的状态，在大人眼中可以用俗话“不知好歹”来形容，而我们的分析思路，恰恰是要说清楚，大人给予孩子的东西，到底是“好”的还是“歹”的。挖掘亲子关系问题的根源，很多时候要触及父母的潜意识内容，不温不火的措辞起不到把一个细菌放大到肉眼可见的效果。所以我会使用“自私”这样略显激烈的措辞，用意并不在增加批判的力度，而在增加呈现的清晰度。理论都是空谈，实用才是王道。在精神分析取向的心理咨询中，很多时候会出现这种“增加浓度”的做法，目的是为了“让问题现形”，更加有助于我们去看清它、抓牢它、改变它。

制片人手记

## 离开，是想要被挽留

同样是16岁的年龄，同样是如花似玉，包子和妈妈这点儿嘴仗在我的所见所闻中真不算什么，至少包子还在家里，至少包子妈每天还能有明确的靶标，知道和谁在“干仗”，怕就怕遇到小F的爸爸妈妈那样，女儿离家出走，他们每天默默地收拾着女儿的房间，抱着女儿曾经最爱的毛绒玩具痛苦不堪，泪流满面。

### 【01】进了家门就难受

事情发生在十年前……

节目热线接到一位爸爸打来的电话，希望栏目组能帮他找回女儿。电话那头是一个疲惫不堪的声音：“女儿离家出走了，我现在除了吃饭、方便，其他时间都在找，不停地在找她……”

美女编导丹丹带着摄像立即赶往电话那端的小县城，循着蛛丝马迹，辗转于街头小巷，终于，在一家发屋里找到了小F。小F看见摄像机勃然大怒，喊来一年轻男子，一起打车离去。

之后的寻找无果，丹丹和摄像回转。

不久，我们再次接到爸爸的电话，说是略施小技，把女儿骗回了家，并立即在亲朋好友的帮助下，把女儿捆绑在家里，24小时看守，看栏目组能否继续帮忙问问“闺女到底在想啥”。

在电话里，编导大致了解到小F离家出走前的表现。

爸爸说，其实小F很早就说要出去自己租房子住，并且态度非常坚决地提出断绝父女关系。当爹的当时就气得飞起一脚朝女儿踹去，小F被踹得躺倒在地，半天没喘过气来。爸爸现在说来有些后怕：“我一脚就可以把我女儿踹死的。”

妈妈说，小F想搬出家门自己出去住的想法似乎有很长时间了，“她自己跟我说好像比较压抑，感觉进了家门就难受”。

就在正式离家出走前的那天下午，小F轻描淡写地跟妈妈说了句：“我要出去吃饭，吃过晚饭就不再回来了。”

妈妈一听上火了，把女儿堵在门口，两人僵持了很长时间，当时妈妈气得狠狠扇自己耳光。“她是我女儿，我真舍不得打她，我打自己也不是第一次了，但这次打得厉害了一点，真的连续抽自己抽了好多下……”

小F趁机夺门而出，再也没回头。

妈妈抽自己的耳光，爸爸拳脚相加，都没有能够阻止小F离家出走的脚步。

给栏目组打过电话的几天之后，无奈的父母编了一个善意的谎言，带着女儿来到南京。当天上午，我、编导和小F在一家茶社见面，进行了几个小时的沟通，小F终于答应走进演播室，但是条件是不和父母进行现场对话。

## 【02】“三观不合”的心里话

演播室里，我们听到了小F16岁特有的表达，如果不是小F那么畅快地说出来，我们怎能进入青春期的世界？我们又怎能知道这个年龄的孩子在想什么？他们如何看父母？如何看家庭？如何看人与人之间的关系？如何看朋友？

好吧，我们一起来听听小F的青春期表达。

### 关于家

在家里什么都要受他们的束缚。什么是你该做的，什么是你不该做的，分得清清楚楚，我脑子里也一定要分得很清楚，在家里有些事情不能做，我很明白。

### 关于朋友

但是在外面又不同，我认识一些外面的朋友，他们绝对不能用那种不三不四来形容。你说我的朋友就是不三不四，我老爸的朋友就都是什么好人啊，他的朋友有多正经？在你面前正经，在别人面前就不一定正经啦，就是一些只会做表面功夫的人。

### 关于平等

前段时间在外面住，觉得和在家里最大的不同，就是比较自由。跟朋友们在一起，会过得比较自在，没人会评价你今天穿得怎么样啊，或是你的言谈举止怎么样，大家在一起很自由自在。大家很平等，你可以跟他闹着玩，可以跟他吵架，可以跟他因为一件事情，有不同的意见而发生争执，但是跟你老爸老妈，不是不敢，而是没劲。

如果说坐下来跟老爸老妈谈一件事情，他们会问我有什么意见，也许他们以为这样子就是给我一个“平等”，好像说，“你长大了，要给你一个发言权了”。但是他们这样做，我感觉特别别扭，我不知道他们是不是故意装出来这样子的，就是随便跟你讲一句：“小F，你来说说看，这件事情你有什么意见？你也是家里的一分子，也这么大了，也要听听你的意见……”他们这样讲，在外人看来是给我一个讲话的机会，但我觉得很怪异。因为我感觉我老爸老妈一直都是扮演一种在监狱里面看着我的角色，就是我要坐在里面归他们管，他们在外面转悠转悠，就怕我逃跑。然后突然有一天，弄点东西来给我吃，再坐下来聊聊天，问问你的意见，我特别不适应，很怪，好像他们有什么目的。

## 关于父母

当时离家出走的时候，讲实话，我对家、对父母没有一点儿眷恋，一点儿都没有。我不相信他们，我一点都不相信他们。

那天我回来（被骗回家），其实也不是我心甘情愿回来的，我是自己一不小心，犯了一个错误，然后就被捆在家里。我老妈以前跟我说过，什么害人之心不可有，防人之心不可无，我居然有一天，也会栽到我老爸老妈手里，我居然有一天也会防着他们，我就心里蛮空荡荡的，然后同学还告诉我说，我老妈经常跟踪我，在外面找我，我打电话回去，她还在录音，我觉得她一直都在骗我。

她以为她跟踪我，可以了解我多一点，知道我在外面很安全，其实她不跟踪我，我也安全的。她总以为在外面什么都危险，坐车啊，在外面走路都会被人家撞死，喝水会呛死，其实根本就不是这样，在家里干什么也有危险，我洗澡也会淹死的，她怎么不洗澡也看着我呀？

我妈妈说，别人做什么都是有私心有目的的。她说，天下除了父母没有哪个人百分百对你好。她觉得我这条路走得不对，她可以把我逼回来，再放到正确的那条路上让我走。其实，如果我心里不觉得那条路是对的话，我根本就不会去走她引导给我的那条路。她说，“你现在恨我没关系，到以后长大了，你就知道你老爸老妈都是用心良苦，都是为你好”。

我不这么觉得，我现在就是这个想法。

和他们生活在一起，他们觉得我会幸福，但这是他们的看法，我并不这么觉得。

在常人来看，他们这样就是在爱一个孩子，但是我不需要这样的爱。我期望的家里面根本就没有父母。他们根本就不是跟我同一条船上的人。

**关于长大**

以前我很乖，也不喜欢跟别人打交道。从一年级到六年级，我不怎么到楼下去玩，他们说什么我都听，他们说，穿这件衣服好吧，我说好，我一般不会发表什么意见。他们对我从来没有变过，只是我在变，而且他们也没有适应过来，他们以为我还跟原来一样，我可以适应他们。其实我根本就不适应，我跟他们讲了也没用。我爸说，你以前都是这个样子的啊。

小学的我一直蛮平凡的，没有人注意我，到初中就不一样，我感觉我长大了。初中就有一些蛮抢眼蛮活泼的学生，跟我闹在一起，我很开心，我突然觉得这样活可以更开心一点，然后就慢慢跟他们很熟，就觉得待在家里很没劲，就特别想出去。妈妈又觉得，我一向是不出去的，现在怎么又要出去了？然后她就会阻止。就是这样子，恶性循环。

**关于别人家的孩子**

他们在别人面前总说自己很苦，好像全世界的父母就他们最可怜。他们总说别人的孩子好，他们只是看到外表，就像我这样的，难道我的缺点都会让邻居知道吗？当然都是把我的优点告诉邻居了。自己家里的一些事情，哪能说好事坏事都告诉别人。

**关于理想中的父母**

他们对我好，为我做改变，从理论上讲，我应该觉得舒服很多，但是他们越为我做更大的改变或是更多的努力，我就越别扭，真的很别扭，越做得好越觉得别扭。我已经习惯了他们过去，唠唠叨叨，骂骂咧咧。我觉得我父母就是这个样子，真实的样子就好。

我习惯离他们很远，他们突然想通过改变自己靠近我，那样的话估计我会变得很口是心非啊，我不想改变真实的我。

也许他们会觉得我很残忍很冷漠很铁石心肠，认为对我这么好，我居然还会用这种方式来回报，也许他们会心灰意冷。其实我要的父母根本不是他们现在这样子的。

如果你以前问我需要什么样的父母，我也许会说很多很多，可是现在我什么也不想说了。以前跟他们谈过很多次了，但每次都是回到起点。有时候他们表面上一声不吭，其实心里有想法，只是没说而已。

也许有人觉得，他们给你吃给你穿给你住给你上学，你还觉得不好，是不是太自私了？

他们什么都不需要给我，只需要给我一个自由。虽然在外面过得苦一点，但是至少觉得自在。我对自由的需要，在别人眼里可能是不对的，是错误的，但是我心里觉得我这样过会比较舒坦、比较快乐，我干吗要去在乎别人的一些什么想法呢？

十几年含辛茹苦养大的“小棉袄”，竟然说出这样的话，简直是晴天霹雳！有谁能够想明白，从前亲密无间的一家人，为何就变成了剑拔弩张的敌人？

节目录制的大部分时间，主持人和专家基本不说什么，在场所有人都静静地听小F吐槽。最后，主持人问小F：那么我们都站在你这一边，一起帮你数落你的父母，怎么样？

出乎意料，小F立即拒绝：“我的父母不需要你们来数落，如果那样的话，我会站在他们那一边的。”这个回答太让人意外了。

小F接着说：“因为我处的环境就是，当每个人都在数落我的时候，我心里就会觉得很不舒服，然后如果你们也全体来数落他们的话，我想他们心里也应该不舒服，为什么要让他们和我一样痛苦呢？”

节目最后，小F唱了一首S.H.E的歌曲《他还是不懂》：

要用什么，
融化这一片沉默，
闭上眼睛心里下起大雪。
天，又地冻，
是不是到了，
爱情结账的时候，
怕还没说话泪就会先流。
爱不是他给的不多，
是不知道我要什么，
他还不懂，还是不懂，
离开是想要被挽留，
如果开口，那只是我要来的温柔。
他还不懂，永远不懂，
一个拥抱能代替所有，
爱绝对能够动摇我，
都是背了太多的心愿，
流星才会跌得那么重，
爱太多，心也有坠毁的时候，
在第一时间拯救我。

小F太冰雪聪明了，她居然挑选了这样一首高度契合内心表达的歌曲，唱给坐在暗处的父母听，“爱不是他给的不多，是不知道我要什么，离开是想要被挽留……他还是不懂……”

不知道坐在台下的父母是不是能听懂。

节目录制结束后，小F的父母按照女儿想一个人住的意愿，把她安排在乡下姑姑家的一间闲置房内，在距离中考还剩下不到一个月的时间里，小F自行复习完初中课程，最终从当地小县城考入南京的一所中专学校。

## 一年以后……

一年后回访，我们再次见到小F，真是“女大十八变，越变越美丽”！原本就是活泼可人的妙龄少女，加上心情舒畅，远远见到她，自带光环的疏阔开朗。

老师说，刚入校时，小F的成绩并不理想，半年后，小F已进入全班前十。

聊天间，发现小F原有的倔强和青涩已渐渐褪去，一个正在长大的小F渐渐显现出来，她的一些想法让人欣喜，又让人吃惊。

最让人好奇的是，当时离中考只有二十几天了，是什么原因促使小F转变想法去参加中考？小F说：“上了节目以后，有些东西自己也想开了，干吗用自己的未来跟爸爸妈妈赌气呢？以后的路是我自己走的，要是我一下子任性，不参加考试，以后怎么办呢？冷静下来想想，发现自己真的很不懂事。”

上次节目中同样的问题，一年后再次提及，小F的回答判若两人。

### 关于自私

现在有了自私的感觉。以前我每次都是要别人来迎合我的要求，从没有想过别人的感受，大家都以我为中心我才很舒服。后来看到，爸爸妈妈为我做了好多事情，这个时候我就觉得我是不是应该做些什么，结果发现自己心里空荡荡的，发现自己原来“哦，太自私了”。

### 关于自由

现在离开家，到南京来读书，是不是就觉得自由了呢？并不完全是吧！以前我想的自由，是完全脱离父母的那种自由，很向往。但是真的一个人到学校生活的时候发现，换取自由还是要付出好多的。比如说在家里，什么事情都不用干，在学校里，洗衣服什么事情都要自己干，也没有人疼你。一开始很不习惯，出了门就体会到父母的好。以前嫌妈妈唠叨，现在没有妈妈跟我讲话，我反而不习惯，妈妈给我来电话，我就好开心。以前是渴望自由，现在是得到自由了，可是感觉缺了点什么东西。

## 关于父母和朋友

有一次，我心里很难过的时候，想打电话给朋友，我突然发现，我居然没有任何朋友可以让我去讲心里话，然后我就哭了，我哭不是因为那件事而哭，我就是为了上了这么多年的学，到最后发现我自己有很多苦想跟别人说的时候，都不知道跟谁讲。特别刚进校军训的时候，很苦，我只好打电话给妈妈，可是妈妈没有同意我回家，让我继续坚持下去。一开始我蛮火的，妈妈怎么这么狠心啊！坚持下来以后我发现，从中我获得了很多，如果当初放弃的话，也许就不能体会到这种感觉。现在在学校里，如果妈妈不给我打电话，我就会跟她生气的。

刚进校的时候，她可能怕我生气，不怎么打电话给我，后来我经常打电话回去，烦她，她感觉我蛮离不开她的了，然后每天打一个电话给我，跟妈妈聊得蛮好的，我就规定她一天打三次电话给我。

我以前觉得朋友最重要的，父母算什么呢？到这边来独自生活以后，发现全心全意为你的还是父母。

## 关于自己的变化

觉得自己没有以前那么尖刻了，明白了很多事情，因为我把心里话都讲出来了。以前我也有跟爸爸妈妈讲过我的不满，可是他们都当没听见，就是听了，也不会重视。上次上了节目之后，爸爸妈妈都用心在听，发现双方都有问题。

### 关于父母的变化

变化最大的是妈妈，她以前很爱生气。比如说，妈妈辛辛苦苦早上起来给我弄早餐，我说“不要不要……”妈妈就很生气，逼着我一定要把饭吃下去，其实我蛮心疼的，她这么早起来为我弄早餐。现在我回去跟她闹着玩发脾气，她都很乐观的，也没有以前那样爱唠叨，更贴近我了。

上初中的时候，爸爸对我很严格很暴力，爱打人爱发火，不爱干活，现在他很勤快，帮妈妈做家务。最有趣的是，爸爸偷偷买了一件我最喜欢的牌子的衣服，说是要和我一起穿出去，穿成亲子装，要知道那是我们年轻人的潮牌啊，不过老爸穿起来好像也变年轻了。

### 爸爸的话

做完节目后，感觉心里的这块石头好像搬掉了，特别是对孩子的影响非常大。当时求助电话是我打的，家里亲戚都不同意这样做，但是我一定要坚持这样做，其实我也在担心做节目之后达不到效果。回来后，我们按照专家、制片人的建议去做，结果证明效果是明显的。现在小F跟我们很亲近，晚上她跑到我们房间，和她妈妈挤一个被窝，挤在我和她妈妈中间，跟妈妈撒娇。

我也特意去挑选女儿喜欢的牌子的衣服，女儿很惊讶：你怎么穿这种牌子，这是年轻人的潮牌。我说，跟你很近了。站在孩子的角度去体验、体谅孩子的思维，只能从我自己去改变，大家才会一起改变。

最后一次和小F联系是在她毕业前夕，小F发来短信说想考广州的星海音乐学院，让我帮忙推荐专业老师给她做考前辅导……

## 【03】其实我们相互不懂

记得电视剧《小别离》中，面对朵朵青春期的蜕变和爆发，黄磊饰演的爸爸抹着眼泪和妻子说道："从你20多岁生孩子，我们把她抱进以前的家，再抱到现在的家，抱她进来，抱她出去，我觉得每年都是一样的，怎么突然今年，什么都变了。"海清饰演的妈妈也是一脸迷茫："我觉得我挺失败的，你看小的时候，两个小时一喂奶，两个小时一喂水，白天我抱着睡，晚上我陪着睡，从托儿所到幼儿园，从幼儿园到小学，这一路我接我送，跟着上各种补习班，跳舞、芭蕾、外语，陪到最后现在跟我说话像跟仇人似的。"

先不说咱们自己当年是不是也曾有过让父母撞墙的青春期，就说眼下吧，有没有体验到孩子青春期的各种逆反各种发作各种不可理喻？如果正在体验中，真是中了特等奖啊，基本上是天地间乌云密布，黑云压顶，世界末日，生无可恋，想死的心都有，但还不能死，毕竟是自己身上掉下的一块肉啊，怎么着都要咬牙坚持，坚信孩子作天作地的青春期终有一天会远去。

孩子并不是无缘无故一点就炸，他们看似弱小，但也有自己的底线。孩子珍视的东西，可能被我们视如草芥。比如，我们不懂小F说的那个"平等"，我们不懂小F说的那个"真实"，我们更不懂小F拼死拼活无所畏惧向往的那个"自由"……

孩子要的其实不多，他们只需要自己的情感被尊重，自己的想法被聆听，自己的意愿被包含到了父母的决定中。当他感受到自己是被懂得的，当我们真的把他当成一个人来尊重，孩子的顺顺当当也就变成了一件自然而然的事。

一切的原谅，都始于理解。当你懂了孩子，孩子也懂了你。

亲子沟通，本不应该是那样面目狰狞的过程。

青春期，应该是一场父母与孩子共同完成的蜕变。

# 09 屏蔽父母的朋友圈

亲子关系的主场在家中，好好营造平等、民主的家庭氛围才是王道，在朋友圈看到自己的孩子，远不如面对面来得真实。

屏蔽父母的朋友圈

## 故事梗概

节目组事先征集到关于“屏蔽父母朋友圈”的理由，大多集中在以下三点：自由万岁要屏蔽；代沟困扰要屏蔽；害怕父母失望要屏蔽。已经上高二的城城初中时开始玩起了朋友圈，圈里有七八十位好友。城城虽然加了父母，但把父母给屏蔽了，因为他感觉被父母实时了解自己的动态，有些不自在，有一种“朋友圈是父母的望远镜”的感觉。虽然城城把父母屏蔽了，但父母也没有多加追问，这倒引起了现场主持人的好奇。城城还说，他身边大多数同学基本都把父母给屏蔽了。

专家站在父母的角度分析认为，父母爱孩子毋庸置疑，由爱而生关心，由关心而关切，由关切而担心，担心过度便会无意识地强化控制，过度观察就是一种经过掩饰的控制。父母希望孩子如一池清水，什么都能看见就放心了，而恰恰是这种心情使孩子感到不自在，从而屏蔽了父母。天上有月，眼前是花，何必镜中看，水中求？离开网络观察，一切回到生活的本原，真实的孩子其实就在父母身边。

专家心语

## 朋友圈里说平等

朋友圈朋友圈，你是朋友，请进圈，不屏蔽；你不是朋友，碍于面子加了，充其量也只是熟人，说不准会被设置成“不让他（她）看我的朋友圈”。

要不要屏蔽父母，就看父母算不算朋友，这个标准是不是特别简单明了？

/ 父母是不是孩子的朋友?

/ 父母要不要做孩子的朋友?

/ 要不要屏蔽父母?

### 一、父母和孩子，要不要做朋友

在亲子教育领域，关于父母要不要做自己孩子的朋友，这个争论由来已久，至今尚未落幕。

有人说，教育成功的主要因素是教育者能够走进被教育者的内心，读懂后者的心理需求，并具备影响后者的能力，所以做朋友是最好的亲子状态。

也有人认同现场专家付林涛老师的观点：“父母永远不可能是孩子的朋友，他有朋友的功能，比如理解、支持，甚至一起玩耍，但是父母还有另外他之所以为父母的功能，就是他还有养育、约束、管理、控制

（功能），当父母看到孩子的朋友圈的时候，他很难从一个朋友的角度去看。”

我认为：父母和孩子做不做朋友不重要，是否真正地懂孩子、是否尊重孩子的权利才是关键。

所以，那些被孩子们在朋友圈屏蔽的父母，你们可能交了个假朋友。

/ 花花默默地屏蔽了老妈。

/ 一伟简单应付之后，默默地屏蔽了老爸。

/ 父母由于过分关心，同时扮演了三种角色。

## 二、屏蔽没商量

### 1. 朋友圈的形象修饰

某天深夜十一点，高二寄宿女生花花发送了一条朋友圈信息：“人生总有更好的遇见，祝未来的我幸福安康。”

妈妈看到之后很担心，立即打电话来问：“你是不是失恋了？你什么时候开始恋爱的?!”

花花默默屏蔽了老妈。

某日凌晨两点，大一男生一伟发了一条朋友圈信息：“就算我欲壑难填，穿行在都市的边缘，夜幕中，也要毒杀你们所有还胆敢醒着的人。”

一伟的父亲第二天醒来后看到，非常紧张，立即打电话来询问到底是什么情况。

一伟简单应付之后，默默地屏蔽了老爸。

朋友圈是一个很特别的所在，每个人都在其中展示自己，但大多数人展示的，不一定是真实的自己，而是希望别人看到的那个自己。爸妈在这点上的理解，大致只局限于明白，年轻人在发自拍照之前是需要先修图的，但是很少有父母意识到，孩子还有一种在心理层面修饰形象的需要，这种需要更加多元和隐蔽。

花花的妈妈不会明白，花花并没有恋爱，而只是想表达一直朦胧、浪漫的“失恋式”忧愁，这种忧愁使她能获得一种独特的气质，这种气质使她更美。但这些，只有同龄男女才懂欣赏，妈妈过来追问是一件很扫兴的事情。且不说无法解释明白，就算解释明白了，说不定又会被妈妈奚落一番。

一伟的爸爸也不会明白，一伟受《吸血鬼日记》等美剧的吸引，获得了一种对暗黑、高贵气质的独特审美能力，这并不妨碍他依然是个好学上进的好孩子。他只是在深夜出去和朋友一起吃羊肉串的时候，把“深夜放毒”这个“梗”写得更具有哥特式的美感。这种美感，父亲是不会懂的，就算解释明白，也是白受一顿教育。

烦不胜烦，不如屏蔽来得干净。所以节目中城城说：“如果他们听不明白，我就懒得去解释了。”

“怕麻烦，就这三个字。”主持人徐平一针见血地指出。

2. 朋友圈就是一张脸

花花和一伟发送的朋友圈信息，表面上看是直白地说了一件让父母担忧的事情，但真实用意完全不在说事，而在塑造自己的对外形象。这种形象中，可能包含凄美，也可能包含暗黑，这是青春期特有的心情，但都是不太容易被上一代接受的东西。

孩子生活在自己的时代，有自己的群体亚文化，这种审美需求的满足，是自己的隐私，父母一次次简单粗暴地去质询、探查，大煞风景之余，还徒增冲突与烦恼，孩子屏蔽父母，也就是理所应当的选择了。

由于对网络新信息吸收速度的不同，两代人之间的笑点距离越来越远，年轻人的很多“梗”，上一代根本就get（摸）不到，于是就会出现很多“秒懂”、会心一笑的东西，需要跟父母解释半天。“我跟您从哪儿说起呢？我还真是自找啊！”孩子会想。

朋友圈信息，特别是自编文字信息，除了商业用途，大多数是用来表达心情的，这种表达有助于缓解一下心理压力，并且一般当事人会将表达信息、开放信息的量控制在正好可以精准满足自己内心需求的程度。更多的询问，就破坏了这个恰到好处的度，有时甚至直接破坏了表达心情的细腻微妙，显得特别不懂风情。

所以说，在朋友圈被屏蔽的前三类人士（除去乱发广告者），分别是不解风情的直男、没有界限感的八卦女和乐于毁人幸福感的批评家，不将这些人屏蔽，当事人就只能克制自己的表达和开放程度，这样一来，通过朋友圈抒发心情、缓解压力甚至治疗情绪的目的，就完全无法实现了。遗憾的是，很多时候父母由于过分关心，几乎同时扮演了上述三个角色，被子女屏蔽是迟早的事情。

3. 期待过猛毁全局

某日，我在南京一家米线店用餐，当时店内顾客不多，我旁边那桌来了一家三口。三十出头的爸妈，五六岁的儿子。由于坐得实在太近，他们交谈的声音又很高，我无法躲避地听到了一家三口的对话，大多是关于点餐。

妈妈说：“说吧，大家都想吃什么。”

爸爸说：“我来一个水煮牛柳米线，你呢？”

妈妈说：“我来个水煮鱼片的吧，宝宝呢？”

爸爸说：“宝宝要不来个状元米线吧，不辣。”

妈妈突然毫无征兆地冲爸爸吼叫起来：“你能不能不替孩子做主？孩子他自己不会选吗？！”

爸爸说：“我……我这不是提个建议吗？可以听也可以不听呀。”

妈妈说：“你以后这种建议能不能少一点？让孩子自己拿主意好不好？”

爸爸把头扭到一边，不说话了。

妈妈侧过身，和儿子面对面，用两只手分别抓着儿子的两只手，语重心长地说：“宝宝，你一定要记住，要学会倾听自己内心的声音，尊重自己的选择，长大之后做个有主见的人，你明白吗？”

儿子明显不在妈妈营造的语境氛围当中，有气无力地应了一声：“嗯。”

妈妈掩饰不住自己的失望，再次问道：“你告诉我，你听见了吗？”

儿子有点儿不耐烦，拖着长腔说：“听……见……了……”

这时爸爸有点看不下去了，说：“你让他好好吃东西。”

妈妈没好气地说：“这不是米线还没有点吗？你就是要把儿子弄得跟你一样！”转过头继续对儿子说：“你听见了？那你告诉我，我跟你说了什么？”

儿子唯唯诺诺地说：“不要听别人的，要有主见，长大后做个有主见的人。”

妈妈显得很欣慰，但似乎仍有一丝遗憾，儿子的回答虽然内容达标，但是状态欠佳，不像是她心目中有主见小男子汉应该有的样子。

这让我不禁感慨，教育这事，在任何一个点上用力过度、期待过猛，都可能毁了全局。这位妈妈简直给孩子内心植入了一个两难冲突，未来假如真的成了一位有主见的人，也许才是最大的没主见吧？

青春期的孩子为什么要在朋友圈屏蔽爸妈？究其原因，虽然各有苦衷，但大多是因为感觉被监控、被评价、被干涉、被限制，孩子在成长道路上的自主选择权已经被一再剥夺，如今有了朋友圈，反而连对日常大小事物的表态权也被压缩，灵魂不得舒展，自然很不自在。

/ 不要借用朋友圈这种非正式渠道去获取关于孩子的信息。

/ 朋友一定是平等的，但平等的未必都是朋友。

/ 平等对待孩子比做朋友更重要。

/ 平等不是平权。

## 三、被屏蔽的父母们，应该怎么做呢

### 1. 扔掉“战衣”，认真走进孩子的内心

2017年暑期刚上映的电影《蜘蛛侠：英雄归来》中，钢铁侠斯塔克对蜘蛛侠说：“假如你脱下这身战衣就什么也不是，那么你其实不配拥有它。”

在亲子关系中，这件战衣就是“父亲母亲”这个称号，假如你只剩下使用这件“战衣”的权威感，而再无其他影响孩子的资本和能力，那么，你可能真的已经什么都不是了。那些冲着孩子声嘶力竭呐喊的父母，其实内心充满了无力感，他们早已经知道，自己什么都不是了，每位父母都应避免走到那一步。

朋友圈有一个很有趣的心理现象：被屏蔽的人，很少会主动要求再开放回来。除了自尊层面的考虑之外，也许更因为大家都明白一个道理，朋友圈的屏蔽，就是心门的关闭。门关了，就表示主人不欢迎你，再强令他开门，实际上也没有什么意义了。与其较着劲重新进入他们的朋友圈，不如抓住根本，痛定思痛，先认真走进他们的内心。

在这个过程当中，最重要的一点，就是不要“作弊”、不要“偷懒”，不要借用朋友圈这种非正式渠道去获取关于孩子的信息。

举个例子，大多数现代法治国家的法律都规定，律师不得泄露委托人向自己透露的信息，哪怕其中包含当事人的犯罪信息；心理医生不得泄露病人向自己透露的信息，哪怕其中包含很多负面内容，除非为了制止即将发生的犯罪、自杀等严重危机事件。究其原因，是因为社会获取某个单一信息的价值，远远小于律师和心理医生这两个职业被全体社会成员长期稳定信任的价值。

同理，某次窥探到孩子的朋友圈信息，进而立即利用，实则破坏了一个更大的价值，那就是孩子可以自由地、不担责地、不提心吊胆地抒发心情的安全感。所以，无论有没有被孩子屏蔽，父母都最好放弃这个途径，在日常生活中建立与孩子扎实的心理交流为好。就像城城说："我每天回到家，在饭桌上都会跟他们聊天，所以说他们对我的了解其实还蛮多的。"

2. 扔掉控制，和孩子平等对话

屏蔽爸妈的孩子，从某种意义上说，至少还拥有屏蔽的权利，有的孩子更是连这个权利也被剥夺了。我有位学生，某日在朋友圈突然发消息说："我妈即将加我的微信好友，所以我滚去一条条删除朋友圈了。"一个"滚"字，大概是要表达另一种更彻底、更无奈的屏蔽吧。你要"侵入"我最后的领地，我又无力抵抗，那就留一片焦土给你好了。

节目现场专家付林涛老师说："可能给父母看也没什么，但他就是觉得，我不愿意给父母看，我自己要有一个空间，我自己要有一个边界，我跟你是独立的个体，我跟你是不一样的。"所以，这不是能不能看的问题，而是该不该看的问题，不是内容对错问题，而是个人权利问题。

青春期孩子的很多问题，最后就是一个权利问题，假如能够站在这个角度去看待青春期话题，很多问题就能看得比较透彻，很多纠纷也就不必再有。

其实在配偶关系中，我们也能看到这种控制与反抗的较量，而这几乎就是童年在父母身边缺乏掌控感的后遗症。

举个例子：

女孩想看看男友的微信、QQ 聊天记录，索要密码，男友不同意。

于是女孩说："你要是心里没鬼，给我看一下怎么了？"

男友会说："我要想骗你，做好手脚给你看，你能看出什么？"

女孩接着说："既然都能做手脚，那你给我看一下，证明你爱我，不行吗？"

男友说："那有什么意义呢？"

这样的争论继续下去确实没有任何意义，因为问题的本质不在于这件事情能不能达成妥协，而在于我们彼此是不是两个心智成熟的人，是两个成年人在对话在做事。教育的全局目标，是让孩子最终成长为一个心智成熟的人。

3. 平等对待孩子，比做朋友重要

刻意地要和孩子做朋友，或者刻意地不要做朋友，都不是最好的选择。最好的选择是营造平等、民主的家庭氛围，让“和孩子做朋友”这个美好的结果不期然而然，莫知至而至。孩子在权利被尊重的前提下，自然而然地、渐入佳境地猛然发觉和父母之间存在一种类似友谊的感情，顺理成章地成为朋友，这样的亲子关系，才是真正的朋友关系。

做朋友，是长期平等地对待孩子、尊重孩子的权利之后的副产品。

朋友一定是平等的，但平等的未必都是朋友。

有的父母会对孩子说：“你借用爸爸妈妈的电脑，我们无条件答应你；你出入爸爸妈妈的房间，我们也不给你上锁。为啥我们开你的电脑、进出你的房间，你就那么反感？”对于家长的这种困惑，我想说：第一，他是孩子，你是成人，假如一个孩子缺乏界限感，他不太会引起家庭中成人的反感，但成人缺乏界限感，孩子本能地就会反感。第二，你在他需要陪伴的时光中，未必做得好。青春期，是你觉得即将失去他，所以才开始抓紧，此时孩子未必买账，并且他需要有一个享受孤独的过程去完成内部整合，这个偶尔独处的私密空间一定要给。第三，孩子对你们的爱，大部分都是无条件的；你对孩子的爱，却大部分都是有条件的。管完了考试管学习，管完了课内管课外，管完了学习管恋爱，管完了恋爱管早睡早起……父母完全忘记了自己在这么大的时候也是差不多的样子。孩子在父母眼中，一切都是不满意的；而父母在孩子眼中，基本上只有一样不满意：你管我太多。

亲子之间平等的意思是指，原本属于孩子自己的那部分权利，父母不会去争夺和吞噬，父母尊重孩子作为权利主体对自己权利的行使权。有些家长没有意识到这一点，一边漠视孩子的权利，一边一厢情愿地要跟孩子做朋友。这个行为的潜意识是将“朋友”关系视作怀柔控制孩子的一种手段。孩子的眼睛是雪亮的，在感受不到真正平等的情况下，当然不会买账。父母降低身段屈就一阵子之后，反而会因为孩子的不领情、不懂事而恼羞成怒，到最后自己焦虑不堪，不知道以什么面孔对待孩子才好。

4. 平等不是平权，不吞噬孩子应有的权利比做朋友更重要

我们常见这样的场景：父母和孩子为了体现平等，和孩子很正式地签订“平权协议”，即：孩子做作业不能用手机，爸爸也不许用，用了就违规，孩子各种“理直气壮”。于是年轻的父母总是感慨，和孩子做朋友真是一个自讨苦吃还不见效果的苦差事。

不客气地讲，这个“苦”还真是父母自己讨来的，因为没有意识到“平等不是平权”。

成人和孩子的现实生活是不一样的。回到家后各有各的事情，各有各的忙碌。孩子要写作业要复习预习，父母除了陪伴，也会有零星的工作要处理。

其实，又有几个孩子真的有兴趣去限制父母的权利？又有几个孩子真的不明白成人的生活和自己是不一样的？那些要求和父母权利高度一致的孩子，往往是因为自己的合理权利受到了限制之后，作出的一种无奈的抗议和斗争。假如你真的肯让他选，他宁可要回自己的权利，而不会有兴趣去管你们。

“平等”很抽象，不具备操作性，而“平权”很具体，具备可操作性。哪怕孩子再伶牙俐齿地抗议，最终决定权还是在父母手中。于是孩子无法争取抽象的、说不清道不明的“平等”，只能转而索取能说清楚的、爸妈没法抵赖的“平权”。

所以，父母在遇到孩子闹平等的时候，先看看孩子谈的是平等还是平权。假如是平权，说明此前可能已经侵犯了孩子的某个合理的权利，此时

跟他较劲对双方都是隔靴搔痒，是没有意义的，因为那根本就不是他想要的，你即便做到了，他也不开心。倒不如好好想想，或者直接诚恳地问问孩子，什么权利被侵犯了。

“平等”是有感情成分的，而“平权”就是纯粹的公事公办了。孩子正儿八经执行平权的时候，父母会感觉彼此之间没了情分，但又无从指责孩子，心里不舒服也只能憋着。为什么？因为天下确实没有比公事公办更让人说不出什么错的事情。这种感觉会不会像极了孩子将你从朋友圈屏蔽的时候？伤心、难过、失落，却找不到任何话去批评他。

我们从朋友圈要不要屏蔽父母，说到关键在于父母是不是孩子的朋友；

从是不是朋友，说到要不要做朋友；

从要不要做朋友，说到更关键的是，有没有平等地对待孩子；

从平等对待，说到最关键的是尊重他本有的权利。

此时已经远远脱离了朋友圈，而涉及亲子关系中更本质的元素了。

父母再亲近，像朋友圈这种需要无数默契会心的地方，还是比不上一个哪怕陌生的同龄人更理解孩子。而且也完全无须去比，因为亲子关系的主场在家中，好好营造平等、民主的家庭氛围才是王道，在朋友圈看到自己的孩子，远不如面对面来得真实。

制片人手记

## 屏蔽父母也遗传

看完这节目，我乐了。编导太懂我的心思了，整这么一个选题操刀，估计是想借题发挥，说给我听。因为我被我家姑娘屏蔽了，同时我的朋友圈也屏蔽了我老爸，就是这样。

## 【01】小狐仙屏蔽了她爸

我的网名叫“赛狐仙”，我闺女自然就被大家称呼为“小狐仙”。

小狐仙去北京读大学了，临走前，她向我开放了一直秘而不宣的朋友圈。但是，她爸依然被挡在门外。

现在，每晚睡前，先生会借用我的手机，看小狐仙的最新动态，如果晚上有应酬回家迟，请假的时候也不忘多问一句：女儿今天发动态了没有？说什么了？怎么样？

我偷着乐，心想：你的柔情早干吗去了？

初中时，小狐仙更钟爱QQ空间，她的空间对我和她爸紧锁。

先生是做音乐的，但长着一颗理工男的脑袋，偶尔会充当一下黑客，悄悄入侵女儿的空间。

某一天，先生递给我一沓纸，密密麻麻打印了小狐仙QQ空间的对话记录，神经兮兮地说：你是心理专家，你快分析分析，女儿有没有谈恋爱。

仅从对话记录看，小狐仙好像是在和男生聊天，没有家长里短，没有风花雪月，没有牢骚满腹，更没有打情骂俏，内容太正常太健康了。在先生眼里唯一不正常的是：女儿在跟一个男生聊天。经他所查资料显示，这个男生是隔壁班的，成绩不好，擅长轮滑，看头像很帅，但缺少了点儿正经和阳光。

我说：“亲爱的，你别惹火上身，也别拖我下水，我相信女儿，绝对相信她。”

“你相信她，她不相信你啊，不然为什么不让你看她的空间？”

“还不是因为你拉我下水做你的卧底。”

先生是老师，不知不觉会把老师的职业病带进家门。比如严厉，比如谆谆教诲，比如用自己所教的优秀学生和自己的孩子作比较，比如关注点永远都在学习课业上……

初中时候的小狐仙很敏感，就像林中的小鹿一样，稍有点儿风吹草动，都能引起她的警觉，她所有的警觉都是用来逃离她爸的。

她有时候会跟我聊聊学校里的事儿，我也嘴欠，对先生无遮无拦，二三四五，一一分享。先生也嘴欠，兴致所至，三四五六，又还给了小狐仙。一来二去，小狐仙认为我什么都告诉她爸，不会为她保密，完全是她爸那边的人，于是，可想而知，能关的大门统统关上。

但有一条线我坚守着，就是对自己亲生的闺女绝对相信。不管她跟她爸如何争吵到撕心裂肺，如何指天发誓，如何电闪雷鸣，如何做出让先生觉得大跌眼镜的事儿，我都绝对信任她，没有半点质疑。

刚入高中，小狐仙开始用微信，她用我的手机登录注册，一不小心，把我通讯录里的好友全都收了去。之后，她花费了大量的时间和精力一一甄别，一一剔除，但还是有一二我们共同的好友遗漏在她的圈里。

小狐仙上了高中，我就有点儿不淡定了，别的不担心，唯一担心她早恋，作为过来人很清楚地知道，如果处理不好，“恋”这个东西会牵扯掉很多的脑力和精力。更何况小狐仙改用了朋友圈，先生那点儿黑客套路一直没有升级改版，再也应付不了互联网通信工具的更新换代了。他对待女儿的态度和他的黑客技术一样，也没有什么改变，紧盯学习不放松。我真担心女儿缺失了慈性的父爱，会跑到外面找温暖。

于是，我暗地托付还潜伏在小狐仙朋友圈里的几个好友，帮我紧盯着点儿，一有异性交往方面的风吹草动，赶紧报告，事关小美女前途。

几个哥们儿真不错，一旦有了小狐仙和男生的合影，都会偷偷截图发给我。大多颜值不高的，第一轮就被我淘汰，我也不吭声，只当什么都没发生。

终于有一次，小狐仙和一个国际交流生合了张影，说“这是我男朋友”，截图第一时间到我手里，哎哟，我这个小心脏啊，意大利的小男生，阳光帅气，我要小心。

之后的几天，我一直在小心翼翼地套小狐仙的话，但小狐仙的警觉程度超乎我想象，她开始反推是谁告的密。趁我不注意，拿走了我的手机，翻出了那张我没有及时删除的照片，根据头像找到卧底，二话不说，屏蔽！

我又失去了一个“卧底”！

就在“卧底”仅剩下一个硕果的时候，我再也不敢轻易动用，见面时也不打听小狐仙朋友圈的情况，只当什么事儿也没有。我的状态再次回到当初：坚决信任自己的孩子，不管发生了什么！

除了支付宝密码，我的手机其他任何密码向小狐仙公开，她可以随时随地动用我的手机，可以往我的购物车里扔进她中意的小物件，甚至经过我的允许，可以以我的口吻向班主任请假。

小狐仙高三的时候，虽然朋友圈没有向我开放，但是我能感觉到，她跟我无话不谈，这就好了，沟通的渠道打开，看不看朋友圈真的不重要了。

但是，先生很在意女儿的朋友圈。

就在爷儿俩进京赶考的时候，先生有次发现小狐仙洗澡的当口儿，手机一直亮着，还没来得及锁屏，先生手疾眼快，迅速从小狐仙的朋友圈里解除了自己的黑名单。

之后，先生得意扬扬地告诉我，可以看到女儿的朋友圈了，叮嘱我不能透露半句实情。晚上熄灯前，先生铁定点开女儿的朋友圈，看一眼，然后心满意足安然入梦。

我不屑，就像当年他给我看QQ记录那样，其实女儿已经什么都跟我说，我已经不稀罕看她的朋友圈了。

先生还是嘴欠，一高兴什么都藏不住。大约过了二三个月，这个秘密再次被警觉的小狐仙发现，大怒，先生一反常态，躲在一边嘿嘿地笑着，没有半句辩驳。这件事很快变成了“谈笑间，樯橹灰飞烟灭”。

高考前夕，小狐仙就开始和我商量暑假安排。先生特紧张，说高考前不要讨论任何和高考无关的话题。

显然，我已经和小狐仙结成同盟，我俩悄悄商量，悄悄规划，悄悄下单，但有一条，我让小狐仙高考结束后再做旅游攻略。小狐仙很爽快就答应了。这个爽快，让我感觉到沟通无障碍的舒爽。

高考一结束，小狐仙立即开始了西班牙自助游攻略，网上订民宿订门票订火车票……安排每天的行程以及行程介绍，小狐仙用手机全部安排妥妥当当的，我只要闭着眼跟着她，充当移动ATM机，刷卡不摆脸就好。

小狐仙用足了手机这个工具，带着我看世界，我笃笃定定地跟着她，满心欢喜。

可怜的先生独自在家，要靠刷我的朋友圈了解我们的行程和心情。

回来后，小狐仙又独自安排了两次国内游行程，和同学们一起出游，在家的时候打份零工赚点儿零花钱，我已经很满足了啊。先生又开始紧盯女儿预习大学一年级课程，再次加剧父女之间的紧张关系。

但是还好，小狐仙的内在阻抗没有那么强烈了，晚饭后的灯光下，父女俩头挨着头研究大学课程的背影，着实让人感动一把。

我刻意淡化小狐仙的朋友圈，耐心听她吐槽她老爸，也劝先生认清放下架子轻松沟通的重要性。

小狐仙上大学前，当着我的面，很正式很正经很严肃地跟我说：老妈，你可以看到我的朋友圈了。

这么重大的事情，我居然忘记在日记里写下一笔，可见朋友圈这事儿已经不是个事儿了。

小狐仙向我开放的朋友圈，基本上是她爸在刷；小狐仙发在朋友圈里的信息，会同时发在我们一家三口的微信群里；小狐仙已经不介意每天在群里露个脸发个言冒个泡晒个图，犹如她在家和我絮絮叨叨那般，感觉她的警觉敏感度已经降低。其实，这个时候看不看小狐仙的朋友圈已经真的不重要了，那是给她的朋友们看的，我们还是实打实地实景沟通无障碍就是最大的幸福。

先生在惦记女儿的朋友圈的同时，又加了一条羡慕嫉妒但不恨，那就是，女儿每天和我煲早晚两顿、每顿20分钟的电话粥……

但愿很快，先生能用自己的手机看女儿的朋友圈。

## 【02】我屏蔽了我爸

小狐仙屏蔽我和她爸的时候，我也同时屏蔽了我的老爸。

原来，屏蔽老爸也会遗传。

我老爸是个不会服老的人。NEVER!

他是20世纪50年代的大学生，年轻的时候学俄语，50岁才开始学英语，学完英语开始翻译晦涩难懂的专业说明书，之后在他那小众专业路上越走越远，越走越深，这份倔强让他以当下80岁的高龄，仍然活跃在他的专业领域舞台上，仍然每年档期满满地四处讲学，备受尊崇，德高望重。

每次讲学归来，他会在微信里拉一个群，继续满腔热忱地发挥着余热，耐心解答学员们所有、所有、所有的疑惑，包括人生，包括恋爱，包括未来……甚至远程指导手术台上的医生们如何使用操作那些或先进或复杂或没有一个中国字的小儿呼吸机。微信群里，老爷子无论从专业水平还是从微信操作水平方面，都不输年轻人。

关键是，老爷子对新生事物永远充满好奇，好奇害死猫!

对于他这个生于20世纪30年代的老学究而言，当下变化迅猛的世界，对一个只会看学术论文但又事事充满好奇的老人，真不是什么好事儿。

微信里有个“摇一摇”功能，老爷子摇上了，得以认识了更多的陌生人，也摇来了不大不小的麻烦，因为，他摇来了一个姑娘。

那个姑娘就在老爷子住处附近工作，老爷子通过微信聊天，得知姑娘就在附近，散个步晃悠晃悠，就上门提供精神导师服务了。一来二去，姑娘向老爷子痛诉悲惨家史和凄凉身世，善良的老爷子心头一热，颠颠儿地跑回家，从私房钱里抽出800元给姑娘送去。同时，也一本正经地让姑娘写张借条，签上大名和身份证号码。

姑娘说，等下个月发了薪水就还。

到了下个月，以及下下个月，老爷子见到姑娘的次数越来越少，微信上姑娘不断地找各种借口找老爷子借钱，好在老爷子还没整明白支付宝是啥，没有绑定银行卡。

等老爷子明白过来，姑娘已经不知所踪。这下老爷子着急了，同时又发现姑娘姓名和身份证号码都是假的，一起打工的都说不知道姑娘去哪儿了，大家都是来打工的。

老爷子不甘心，给我提供他所能提供的关键词，让我无论如何找到她、人肉到她，要回那800元不说，还义愤填膺地说：“一定要好好教育她什么叫诚信，怎么可以骗人呢?”（此地应该有一个掩面而泣的表情）

吓得我赶紧让我妹趁老爷子不备，手脚麻利地把所有“摇一摇”“搜一搜”“扫一扫”……功能统统删掉，活生生把智能手机变成了一款老年机。

当父母老了，我们长大了，便开始像当年他们对我们那样谆谆教导：老爸，你不要随便跟陌生人搭讪啊，特别是姑娘！

你不要什么电话都接啊，万一是骗子！

你不要什么链接都点开啊，万一是病毒！

你不要什么东西看到便宜都买啊，万一是假货！

你不要什么内容都转发啊，万一是谣言……

我看见，老爷子的眼神惊愕且带有愤怒，那表情分明写了一句话：我还没老到要被一个微信朋友圈打败！

限制老爷子和外界的民间交流，他开始频繁主动出击，只要那些养生鸡汤、历史揭秘的链接一出现在朋友圈，我就知道老爷子正在休息中……

老爷子的一条转发，会同时出现在他的朋友圈、他所在的所有的群，最后点对点再发我一条。最可爱的是，同样一篇文章，我爸发我一次，我妈发我一次，我大舅在家庭群里再发一次，然后你在朋友圈里各见到一次。

但凡我发帖，老爸都会跟，甚至在我的帖子下来这么一段公告：这是我女儿负责的电视节目，关于青少年心理健康教育的，可以给你们家孩子看看。

知道老爸在替我的工作吆喝，我感激涕零回复老爷子说：老爸，你在这儿吆喝，只有我们几个共同的好友看见，你能不能转发到你所有的群里再去吆喝？

认真的老爸跟我辩论为什么有的地方只能共同好友看见，有的地方是所有人都看见……辩得口干舌燥，辩得莫名其妙。

只要我发朋友圈，他就会跟在后面发起辩题，试图激起我跟他打个嘴仗的企图，可惜，我已不在青春期。青春莽撞的时候，可以跟他争辩个你死我活，而现在，我不屑多说一句，甚至觉得老爸有些幼稚可爱。

直到这么一天……

自从我进入互联网注册为网民，我的ID行不更名坐不改姓，一直保持着“赛狐仙”的雅号，有一天，老爷子点对点发来不满：“你这个狐仙，是狐妖还是狐狸精？总之都不好，狐狸奸诈、蛊惑、心机、不怀好意，你为什么偏偏要取这个名字？”

我从中国古代四大祥瑞说到聊斋里有情有义的狐仙姑娘，都没法儿改变老爷子对“狐”的认识，最后老爷子说：你改名叫“赛母虎”吧，都比狐狸精好听。

还能说啥？默默拉黑，拒绝交流，拒绝沟通，文化层次和专业水准不在一个频道上，说啥都是喷口水。

过不了多久，我妈传话来了，说你爸在家发怒了，他发现看不见你的朋友圈了，问了学生，懂了一个词叫“拉黑”，你赶紧把他再拉回来吧。

慎重地思考了三天，我把老爷子拉出黑名单，但是，给他一人单独设了一个组，叫“特别”。我只想静静。

我在琢磨怎么对付老爷子的时候开始明白，他转发的不是文章链接，而是情感链接。他发一些以为对我们的健康和进步都很有用的文章，就像小时候，他会想着把好东西给孩子们留着，把一些有用的话一定要说到我们拼命点头为止。

老人家可能已经感觉到了随着我们的长大，和他渐行渐远，我们不再稀罕他递过来的东西，并且当年他在家庭里“一家独大”的尊严和话语权也开始消失。

权力可以消失，本就是身外之物，但是，情感的链接怎么能说淡就淡？情感是混合于血脉之间的流动体，可以依靠各种媒介传播，有什么理由让家庭情感在近距离的亲人之间消失呢。

曾经有一条很火爆的微博：

今生还能和父母见多少次面？即使父母活到100岁，你每年回家见一次，还能见多少次？

虽然我和老爷子在同一座城市，但见面的次数也少，有了微信这么发达的沟通工具，却渐渐成了熟悉的陌生人。

龙应台在《亲爱的安德烈》中这样写过，所谓父母，就是那不断对着背影既欣喜又悲伤，想追回拥抱又不敢声张的人。

我爸于我而言是这样的父母，我和先生于小狐仙而言同样是这样的父母。

当我和小狐仙的关系缓和下来，相处得越来越像闺蜜的时候，我发现，我和家中其他人的关系链接也发生了奇妙的变化，柔软了许多，温暖了许多，不再剑拔弩张，不再针尖对麦芒。

现在，我不接老爷子挑话头的茬儿，给个表情点个赞就好。老爷子发什么不重要，重要的是让他感觉有存在感，重要的是爱的回应。

每个人都有自己的表达方式，特别是对于含蓄又内敛的中国人来说，陪伴才是爹妈最需要的。既然追不上小狐仙渐行渐远的背影，我何不回转身，告诉老爸老妈，我们可以重新拥抱，不在朋友圈里，而在现实中。

# 10 心中的刺

每个孩子都是天使和魔鬼的一体两面，其究竟是天使还是魔鬼，就看他们的守护者如何引导。

心中的刺

## 故事梗概

文文（化名）给人的印象一向是自信阳光。读初中时，父亲犯法入狱后，他开始变得自卑、暴躁，与爸爸有关的一切都成了禁区，甚至他和妈妈的关系也日益恶化，不服妈妈的教导。无奈之下，妈妈只得搬出爸爸，对儿子说：等你爸出来好好收拾你。文文不依不饶，对妈妈吼道：“他都进去了，我能有什么出息……”

和同学们在一起，文文也显得怪怪的，忽冷忽热，性格让人捉摸不透。

经历了最初几年的痛苦和迷茫，文文进入高中后，对心理学产生了兴趣，并主动加入了心理协会。在心理老师的帮助下，文文逐渐打开了心结，重拾目标和自信，以一种更积极的心态面对生活。

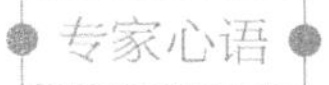


# 教育战争中的“孙子兵法”

/ 教育，是竞争，还是战争？

/ 借力打力是怎样的一套战术？

/ 问题看得见，资源在哪里？

## 一、文文在成长中遇到了哪些问题？

与普通家庭的孩子相比，文文遇到的问题主要包括：

1. 自尊自信受挫。青春期孩子的情感纤细敏感，在意别人对自己的看法和评价，即使从小看上去就“没心没肺”的大男孩，也会在这个特定的时期开始关注外部评价。

这些外部评价大致分为两个部分：一部分是他人真实的评价，即大多数人确实是这样看他的；另一部分是自身内部评价的对外投射，比如青春期的女孩子，对自己眼睛偏小、鼻子太长、脸上有斑、发质不好等很细微的瑕疵无限放大、耿耿于怀，并且会心虚地认为别人同样高度关注自己这些“缺点”，从而背负着一个本来不该存在的心理包袱与人交往，缺乏自信自强。

文文的爸爸因犯罪而服刑，在社会观念中诚然是一种负面形象，但并不是所有人都会过度关注这个信息，也不会总有人将精力放在研究文文的现状和爸爸服刑之间的关系上。但是文文的内心存在较强的投射，将自己过度关注、烦恼的事情，投射性地认为大家都在关注，所以会有一种“抬不起头来”的感觉。打篮球时，几个小伙伴商量放假去哪里玩，文文的情绪突然低落，放弃交流，便与这种投射有一定关系。

少数如贫困家庭、单亲家庭等特殊家庭中的成年人，在生活压力之下，会将自己的焦虑、愤怒、不满投射给孩子，这样做的结果就是几乎毫无悬念地使孩子走向自卑。就像文文的妈妈最喜欢使用的语言：“你爸爸都这样了，我看你迟早也是这样……”“你这样，怎么对得起你爸爸?”妈妈以自尊刺激为唯一手段，希望使孩子“知耻而后勇”，却反而在不断制造孩子的情绪问题。

2. 人际交往受阻。青春期的孩子有时会表现得过于敏感，由于处在自我认同的关键期，尤其对自卑感的投射会较其他情绪更强烈一些，认为别人的谈话内容总是在说自己的“缺点”，或者认为别人也是用一种可怜自己甚至看笑话的眼光看待此事，从而影响到人际关系。文文自己在内心没有对父亲服刑一事释怀，所以只要一遇到与父亲有关的话题，比如“你爸爸带你去哪儿玩”等，自己的情绪就会失控。一场开心的比赛、一次善意的交往，就这样被破坏了。长此以往，那些原本不知道文文父亲在服刑的同学，或者是虽然知道但没往心里去的同学，反而会开始关注这个问题，久而久之得出一个结论：父亲服刑的同学果然不好相处。当一定数量的同学产生这种心理时，文文的投射将更加强烈，心理将更加敏感，情绪将更加对抗，人际环境也将更加恶劣，如此往复形成恶性循环。

承受自卑压力，面对人际关系恶化，不同气质类型的孩子会有不同反应，要么缩进“龟壳”，退缩回避，不愿与人交往；要么成为“刺猬”，爱冲动，易激怒，希望以激烈的行为在短时内获得自尊补偿，从而有可能发生违法犯罪行为。如文文说：“他都那样了，我还能有什么出息?”就是一个不好的苗头。因为同样是有可能犯点小错、做点坏事，文文比别的孩子多了一个不假思索的“卸责”理由，不利于内省与改过。

3. 缺乏父亲陪伴。目前文文就读高中，这个年龄段的男孩子，非常需要父亲的陪伴和引导，仅有母亲一人很难给予有力量感的心理支撑。其实在节目中我们可以看到，妈妈不但很难给予文文力量，很多时候，其实已经在向文文借力。比如探视父亲这件事，妈妈坚持要文文参与，这固然包含了想让父亲享受一下天伦之乐，从而更好地改造的目的，但深层中也透露出一个信息，妈妈对自己一个人去探视父亲，能否给予父亲需要的支撑力量是没有信心的，她需要儿子提供额外的借力。

4. 母子沟通不良。妈妈是一个特殊的存在，在这个家庭中，在文文身边，由于她无可取代的特殊身份，既可以是问题最大的制造者，也可以是资源最大的提供者。目前来看，除了提供物质养育、生活照顾、教育环境等外部资源之外，妈妈给予孩子的内部资源不多，这主要是因为以下两方面造成的：一是妈妈自己始终没有从对丈夫服刑的羞耻感中走出来，这种感觉直接传递给了孩子。母亲对父亲的评价，是强烈镌刻在孩子内心最深处的价值判断，这造成文文几乎无法通过自身的努力摆脱这种自卑感和无力感。二是妈妈在现实生活中缺乏发现资源的能力，她既不能发现和肯定文文身上的优点，也缺乏自己独立教育好孩子的信心。在这种母子资源都不被看到（不是匮乏）的情况下，妈妈不自觉地一次次借用父亲的权威形象资源，企图用这个形象来镇压孩子。这样做的后果是，父亲被母亲塑造成了一个约束者、惩罚者的形象，而真实的父亲此刻确实“德不配位”，母亲的努力不但起不到作用，反而进一步耗竭了儿子心中对父亲抱有美好回忆和期望的心理资源。所以儿子不愿意去探视父亲，因为在母亲的评价中，“父亲”早已对这个儿子失望透顶。

/ 何为“资源”?

/ 资源在哪里?

## 二、教育，是竞争，还是战争?

把教育看作一场竞争也好，战争也罢，这些观点是错误的还是正确的，要看是在怎样的语境下描述。

假如说的是孩子与孩子之间、家庭与家庭之间的竞争，那么这种观点不可取，因为未来的世界属于合作者，处处树敌的人不可能获得成功与幸福。但假如说的是家长、老师、社会在与孩子身上存在的各种问题做斗争，要把孩子引向成功与幸福，则“教育是一场战争”的说法成立。这场战争很奇特，参与其中的人，父母、老师、社会……都不是每时每刻绝对地站在正义的一方，或是非正义一方，而是每个人的阵营会随时风云突变，可能今天站在正义的阵营，明天不知不觉中又站在了非正义的阵营；上一分钟在正义阵营，下一分钟又做了非正义的帮凶。

正义一方的阵营有个名字，叫作资源阵营；非正义一方阵营也有个名字，叫作问题阵营。

教育过程中的每一位参与者，当他是在发现资源、制造资源、利用资源的状态时，他就处在正义阵营，在帮助和促进孩子的成长；当他此时是在否认资源、耗竭资源、制造问题的状态时，他就站在非正义一方，在阻挠和压制孩子的成长。

教育的战争，绝非孩子之间的智力竞争那么简单，也绝非争抢一个好的学区那么简单。

教育的战争，本质上是一场资源与问题之间你死我活的战斗。

有的孩子出身贫寒，父母没有多少外在资源，但心甘情愿地尽自己所能，拿出一切化作资源，坚定不移地站在正义阵营中，从不叛变，坚定不移地给孩子保驾护航，保证了孩子18岁之前的健康成长。这些家长给予孩子的是：充足的陪伴、无条件的爱、学习兴趣的保护与开发，这些都是教育当中最优质的资源，这些资源使孩子活得自尊自信、内在富足、好学上进。

有的孩子从幼儿园到高中一直就读于最好的学区，但却从来没有被父母认真地去滋养、呵护和疼爱，孩子的生活中充满了各种要求和压力，甚至在幼小的时候，就感觉已经还不清父母的养育之恩了。对这些孩子而言，所有的外在资源都无法转化为内在的成长养分，反而导致出现各种问题。这种情况下，我们可以看到父母们手持肩扛各种“高精尖武器”，却投靠了那个专给孩子制造各种问题的阵营，最终导致一手好牌输个精光。

外部资源固然重要，比如基本的温饱、受教育的机会，等等，这方面不可或缺。但外部资源并非最终决胜的重要因素，孩子最终教育成功，是强大的内部资源在起作用。

/ 打赢这场战争的方法有多种。

/ 教育者的格局、境界不同，战胜的方式也有不同。

## 三、如何借力“孙子兵法”打赢这场战争

《孙子兵法》有云：“上兵伐谋，其次伐交，其次伐兵，其下攻城；……”

假如这段话套用到教育的战争当中，可以这样理解：

1. 上兵伐谋：最高境界的教育，是父母将资源意识融入自己的血液，开发资源的行为毫不刻意，甚至在孩子遭遇各种问题的情况下，也能够将“问题资源化”，从中找到帮助孩子成长的力量。在这样的父母面前，几乎所有的问题都不是问题，因为它们都成了资源，没有任何战争结果比全方

位的“化敌为友、为我所用”更堪称完美的胜利了。

2. 其次伐交：父母具备资源意识，但不具备将问题转化为资源的能力。在他们眼中，问题就是问题，是需要孩子认识并改正的，于是面对面地与孩子沟通交流，让孩子明白问题所在。这期间，父母提供饱含诚意的帮助（这是最大的资源），比如和孩子一起面对、整改各自的缺点等。由于父母拿出真心，以身作则地陪伴、引导孩子，亲子关系健康，所以孩子能够改正缺点，较好发展。但不可否认的是，孩子在“缺点”当中展现出来的优秀品质，往往也一同被埋没了，因为父母没有将问题变成资源，孩子在对父母的认同过程中，放弃了自身这部分资源，常见的结果是孩子成绩优良但严重缺乏主见和创新意识等。

3. 其次伐兵：父母不具备将问题转化为资源的能力，并且完全不具备资源意识。这类父母的口头禅是：“这个孩子哪里都好，就是学习不认真，真叫人急死了！”他们这样说的意思，往往并非指孩子“哪里都好”，而仅仅是为了突出问题的严重性。在他们眼中，孩子有一个最大的缺点，比如玩游戏、不学习，他们既不可能像第一类父母那样在玩游戏中看到教育、引导的资源，也不具备像第二类父母那样以其他资源，比如耐心的陪伴，帮助孩子慢慢开发兴趣等，来战胜问题。他们能做的，就是每天毫无建设性地批判、指责、挖苦、嘲讽孩子，希望通过打击自尊的方式来提供心理动力解决问题，而这种方式往往摧毁了孩子内心的力量感。

不提供任何资源的战斗注定是失败的，批判、指责、挖苦、嘲讽只会让问题不断得到强化，非正义力量越来越强大，孩子最终自己也认同了自己是有严重问题的，从而投靠问题阵营，将自己转变成了一个问题制造者，于是麻烦倍增。

4. 其下攻城：父母不具备将问题转化为资源的能力，也不具备资源意识，更不具备对孩子存在问题的体谅。孩子在父母眼中，浑身上下都是问题，而且叛逆、难以沟通，父母不打算采用交流的方式改善现状，而是单纯利用权威身份和权威手段，企图达到控制与改变孩子的目的，比如：没收手机、克扣零花钱、阻止与同学交往、焚烧课外书、家中安装视频监控等。自己无法进入孩子的“心灵城堡”，就粗暴地侵略它，如此这般往往会激起青春期孩子强烈的反抗，而且随着社会文明程度的提高、公民平等意识的觉醒，与上一代相比，孩子对父母给予自己的体罚越来越呈现敢于还手的趋势，亲子冲突不断升级。

很多绝望的父母，会到处打听哪里有优秀的心理咨询师帮助他们解决孩子的问题，实际上也是因为感到自身资源已经耗竭，需要求助外部资源。而心理咨询师一般会告诉他们：“不要寄希望于我教育你孩子几句他就能改变，亲子之间的问题，往往需要你们大人先改变。”这句话，与其是在说“问题出在父母身上”，不如说是在告诉父母：“你浑身充满了资源，只是你从未发现，你要做的，就是发现它。”这些资源包括无条件的爱、足够的陪伴、学习兴趣的保护与开发。

/ 化问题为资源，借力打力。

/ 引进外部资源，解决问题。

/ 正视问题，互为资源。

## 四、给文文妈妈的几点建议

上上之策是化问题为资源，借力打力；上策是引进外部资源，解决问题。上兵伐谋，其次伐交。

1. 上兵伐谋，化问题为资源。文文当前的主要问题，大多是由焦虑的妈妈制造出来的，所以，这个过程需要妈妈的配合与努力。

（1）父亲本身自带资源

文文和妈妈之间所有的冲突，皆来自一个根本性的原因，即父亲在家庭中是一个耻辱性的存在，父亲服刑这件事情，不但使母子俩感觉出门抬不起头来，就连在家，彼此面对时也感觉到尴尬，不愿多提。唯一多提的情况，就是妈妈利用“父亲”身份压制儿子的时候。也就是说，父亲是作为一个问题存在于家庭中的，母子俩对这个问题均未释怀，也未相互说开。

从资源的角度看，父亲本身自带充足的资源，只是妈妈借错了力。父亲身上目前能够借用的资源不是“权威”，而是“天伦关系”。首先，他是儿子的生物学父亲，这点不会因他的社会地位改变而改变，孩子对他发自天性的爱与尊重不会改变；其次，父亲也是爱儿子、思念儿子、需要儿子的，假如每次探视让父亲好好留几句深爱的话语给儿子，就算儿子不来，是由妈妈转达的，这种父子之间直接的善意表达，也能给予彼此很多力量，唤醒天性中的亲近感。在父亲服刑期间过于树立其权威形象，一个服刑犯和一个权威父亲的外部形象冲突会内化成孩子的内心冲突，落得尴尬局面，恶化了本应不是对立的父子关系。

因此，解决之道是从“权威力量”的借用转向“爱与思念力量”的借用，化问题为资源。

（2）遗传深处自带资源

母亲爱上父亲，与他结合，生下文文，在父亲服刑期间，母亲不离不弃，愿意独自支撑这个家，等他回来，每逢探视日，都想要文文也去看望爸爸，这既是妈妈重感情的表现，也说明了那个从未露面的父亲，是一个值得爱的人，至少他值得自己的妻子等候、陪伴，他一定是有优点的，这个优点，妈妈一定要告诉文文。

我始终倡导一种做法，就是夫妻之间，缺点背后说，优点当着孩子的面说。假如一位妈妈告诉自己的儿子：“你刚才那件事情的做法，表现了你有宽厚（或是聪明、坚强、灵活、悲悯、精明、爱思考、有审美情趣，等等）的特点，这点特别像你爸爸，我当年就是因为这个而喜欢上他的……”诸位想想，一个已经步入青春期的男孩，得到这样的来自基因深处的优点确认之后，他怎会不骄傲？怎会不发自肺腑地想要一次次强化这个优点？

他是不是有优点，不重要！重要的是你要有一双从他各种行为中发现优点的眼光。

他这个特点是不是非常明显，不重要！重要的是你确定这种品质特别好，你希望他和孩子拥有。

所有好的品质，未必都是天生的，更不一定都会来自遗传，父母的强化与鼓励才是塑造好品质的不二法门。同样，这个不二法门对女孩也是一样的，方法不再赘述。

这种做法的奥妙在于，一个人因为自己的血统而骄傲，才是真的骄傲。孩子内心是非常渴望与父母认同的，这种来自父母传承、认可的优点，会给他一种“力从地起、劲由根生”的感觉。假如父母在孩子面前淡化彼此的优点，不断强化对方的缺点，是将最大的资源糟蹋成问题的一种最令人遗憾的现象。有时，我们会发现孩子在无法从父母身上找到优点认同的情况下，甚至会认同一部分缺点或是生理疾病，仿佛这样也能增添自己存世的价值感。既然如此，何不充分地提供一些优点给他？文文的妈妈有和儿子谈爸爸的习惯，既然如此，这个方法非常值得一试。

2. 其次伐交，善于引进外部资源。外部资源包括：学校方面关注文文的心理成长，帮助他找到一个关心和欣赏他的人，也暂时给妈妈缓解压力；社会方面关心服刑人员子女的成长，给予必要的关爱和帮助；家庭方面寻求心理咨询专业帮助，挖掘资源，解决问题。

片中可以看到，学校心理老师的介入，为文文提供了一笔巨大的心理资源。说这是心理资源，主要是因为给了文文一个与妈妈不同的交往体验，一个重新看待自己的视角，其作用机理主要体现在：一是看到文文自身的资源，利用它重建文文的自信；二是去特殊化，没有廉价的同情。

当文文面临心理协会工作和与父亲通话的需求发生时间冲突时，老师并没有大惊小怪地教育他“你爸爸的事情最重要，你要好好陪你爸爸”。“好的好的，你快去吧，心理协会这边有其他人”。而是说：“你是会长，学校的事情也离不开你。这样吧，我把钥匙给你，你可以在我的办公室给你爸爸打电话。”

将文文给父亲打电话的愿望看作一个普通的请假事由，做了两全安排，心理协会工作没有特别为爸爸而让路，这既使得文文真正看到了自己对于协会的价值，自信心得到修复，同时也去除了“我因为服刑的爸爸而被特殊照顾”的感觉，用言外之意的方式在他内心投射了一份强大感。这只是短片中的一个小小片段，但代表了老师对待文文的基本理念，交流中一个语言方式的不同，就达到了巨大的转变效果，这便是“伐交”之功。

3. 开诚布公，母子互为资源。在父亲已经服刑的情况下，这个家庭需要比其他家庭多做一件事情，就是母子之间将这个问题“说开”。所谓“说开”就是指母子之间不再遮掩，好好地交流一下对这个问题的看法，开诚布公，求同存异。

现实层面的不好，包括生活的艰难，是可以一个人独自接纳的；但情绪层面的不好，特别是对服刑一事的羞耻评价，是需要有另一个人作为“情绪的容器”，才可以促成接纳的。当两人各自都对此事保存着羞耻感的时候，两人均未接纳，两人都活在孤岛，两人都存在情绪问题，从而造成彼此难以沟通，互为问题制造者。文文在节目中表示，和爸爸之间的见面还没有准备好，见了面不知道说什么，希望“再等等吧”。这个微妙的表达正表明了孩子面对爸爸还存在一丝尴尬的心理，尴尬背后的深层内容是羞耻感，这恰恰是因为母子之间还没有“说开”，没有帮助彼此共同接纳造成的。

当双方“说开”了，则两人都帮助对方充分接纳了这件事情中情绪层面所有的不好，也才可能有力量去采掘“剩下的好”。此时，二人互为对方接纳现状、面对生活的心理资源，互为资源提供者，“父亲”在家庭中也不再是一个敏感而禁忌的话题，而是可以被坦然谈论的，可以被客观评价的，可以被充分挖掘的情感资源。只有可以被谈论的，才是真正可以被期待的，有期徒刑剩下的日子，对一家人而言，才真正“有期”。

不好的部分只要没有被接纳，好的部分便无法被界定，孩子会觉得面对父亲喜忧参半。

文文希望“再等等”，其实正是想要把接纳父亲哪一部分、排斥父亲哪一部分、融入父亲哪一部分理顺畅、想清楚，然后才能更好地、没有内心冲突地和父亲待在一起，自己也才能更好地成长，因为他毕竟处在自我分化最关键的青春期。此时如果妈妈能够陪他一起做这件事情，自然最好，如果不能陪伴，至少可以先予理解，不要简单地认为孩子不孝。毕竟文文的父亲在心理意义上比大多数普通的父亲要复杂一些，孩子需要更多的时间做好内部处理。这项工作完成后，文文的内心会比同龄人更加成熟，因为他内化了很多对立冲突的部分，并使之相互和谐，心理空间得到了扩张，心理功能也得到了强化。这也是文文的父亲作为资源的更深一层价值。

制片人手记

## 一个天使的运行轨迹

有人说，父母并不是孩子的上帝，他们只是孩子的守护者，每天需要用人间至爱滋养着孩子的成长。每个孩子是天使和魔鬼的一体两面，其究竟是天使还是魔鬼，就看他们的守护者如何引导。而守护者一旦分崩离析，切断了爱的滋养，孩子便会茫然失措，坠落在一个无人知晓的心灵深渊。

在我的电视制作生涯里，没有遇见过和服刑人员子女相关的选题，但是接触过少年犯。零距离面对面听他们讲自己的故事，和他们促膝交流关于父母关于家的话题，每一个孩子每一个故事都能让人痛彻心扉。如果他们曾经是父母心中的小天使，那么，是什么导致他们成长运行轨迹的改变，从而出现在一个不该出现的地方？

## 【01】删“烦”就简，直接动手

第一次见到小L的时候，她才15岁，在江苏省未成年犯管教所。

小L是我见到的第12个孩子。当时，我带着任务挑选访谈对象。

在一间小小的会客室里，我低头整理前面访谈过的11个孩子的资料。一声“报告”，声音不大，但出奇好听，脆生生没有杂质，还带点儿鼻腔共鸣。

声音从门外传来，我抬起头，充满期待地望着门外，好奇这个好听的声音应该属于怎样的小主人。

值班民警“进来”的话音刚落，门口逆光站着一位修着齐耳短发，穿着并不合身监服的小姑娘。小姑娘大大方方地按照我的示意，坐在我对面的椅子上。这个大方让我顿生好感，因为前面的11个孩子基本没有这个特质。

除了这身衣服，小L和普通学校15岁的学生没什么两样，甚至长得很好看，双眼皮、大眼睛、白皙皮肤、鹅蛋脸形，这些描述花季少女的形容词都很适合她。一股扼腕叹息的感慨油然而生，应该穿着花裙子的年龄却偏偏穿着这么不合身的灰色监服。

小L告诉我，自进入初二下学期，短短5个月的时间里，多次伙同他人采用打耳光、搜身、脚踢等暴力手段，劫取公民财物，犯抢劫罪，判处有期徒刑4年，并处罚金1000元。

眼前的小L，声音和形象都是那么甜美，我很难把“抢劫犯”这三个字和她联系起来。

“你真的会动手去抢吗？”我还是不愿相信眼前的这个15岁小姑娘会去“抢！劫！”

“嗯，上初一以后，我就经常打架。”

“还记得第一次打架是什么时候吗？”

“上初一刚开学没几天，有同学冤枉我，那个同学又爱钻牛角尖，不想听我讲话，我就很生气地和她吵起来了，吵到后来，我嫌跟她讲话累，然后就动手打人了。”

“通常会在什么情况下打架呢？”

“心情不好的时候！人家烦到我了！我有时候跟人家吵架，我吵得嫌烦，吵不过了就会打架。”

“那你为什么不跟老师说呢？让老师出面解决，或者用其他的方法呢？”

“我不想跟老师讲话。”

“为什么？”

“我嫌烦。”

“为什么嫌烦？”

“别人不理解我，我也不想把我的心里话告诉别人。”

“那你在学校里有朋友吗？”

“没有。”

“为什么呢？”

“我不喜欢交朋友。”

“有心事怎么办？和爸爸妈妈讲吗？”

“我也不想讲。”

和小L短短的几个来回，我发现小L用得最多的词就是“烦”。她好像生活在一个孤岛上，没有朋友，没有师长，没有父母，解决“烦恼”的方式就一种：打架！因为懒得用语言去啰唆去表达去沟通。这让我更加好奇，难道她的生活中不需要语言吗？

## 【02】人间孤儿，父母健在

小L说，父母都是做生意的，平时很忙，她的记忆中对美好的留存，仅停留在10岁以前。十一二岁的时候，父母开始吵架，一见面就吵，甚至在她面前大动干戈。直到13岁的某一天，父母吵完了，打累了，当着小L的面说出了“离婚”两个字。

“当你第一次听到爸爸妈妈说离婚的时候，是什么反应？”

“我很开心！很开心！”说到这儿的时候，我发现，小L的表情突然轻松起来，漂亮的眸子里有了光。

“你希望他们俩离婚？怎么会有这个想法呢？”

“因为他们在一起天天吵，我觉得不幸福，每天回家都听到他们吵，我早就盼着他们俩离婚了，离了婚分开了就不吵架了。”

小L如愿以偿，和妈妈一起生活。

“不喜欢爸爸吗？”

“不喜欢，在他身上找不到爸爸的感觉。”

但没过多久，小L发现和妈妈在一起的日子也没有想象中的那么美好。

每天早上起床时，妈妈要么还没有醒，要么在半梦半醒之间。小L给妈妈和自己简单地做份早餐，把自己收拾好，轻轻带上门去上学，连跟妈妈撒个娇说声“再见”的机会都没有。

每天晚上放学回来，家里空空荡荡，寂静冷清，妈妈的影子就在桌上的一张字条里，告诉小L，妈妈今晚会在哪里应酬，你一起过来。或者直接把钱压在字条下，叫小L自己去买东西吃。等妈妈回来时，小L已经进入梦乡。

从父母每天的吵闹不休到一个人的冷冷清清，小L渐渐变得不爱说话。

“当时你希望妈妈怎么对你？”

“陪我聊聊天，能够理解我一点。”

“你这种想法有没有跟妈妈沟通过？”

“没有。”

“为什么不跟她说呢？”

“我不想跟她讲。”

“为什么？”

“我不想把我的内心世界让别人知道。”

“谁都不给知道吗？为什么呢？”

“我是我，别人是别人。我讲了，别人听了可能能够理解，但帮不了我，这样讲出来就没有意思了。”

“心里的烦恼你自己能化解吗？”

“不能。”

“那怎么办？”

“憋在心里面。”

“这种情况持续了多长时间？”

“两三年。”

“你最后找到一个解决的办法了吗？”

“逃避我眼前所有的事情、所有的人。”

“怎么讲？”

“就是逃学了。”

初中一年级，经历了父母离婚、在学校争吵打架受处分之后，初中二年级的时候小L开始逃学。上网、溜冰、逛街……一个人晃荡在大街上，在熙熙攘攘的人群里穿梭，没有人关心这个背着书包的小姑娘为什么会在这个时候出现在商场里，也没有人关心这个当时只有14岁的小姑娘“你要到哪里去”。

孤单，如同小L的孪生姐妹，如影随形。

“你一个人在街上晃悠，和上学相比，觉得有意思吗?”

“我不知道。”

“有想过妈妈会担心吗?”

“想过，但是我没有考虑那么多，也管不了那么多了。”

逃学这事儿，自然是要被妈妈知道的。

从此以后，妈妈每天早、中、晚都会在小L身边。

每天早上送小L上学，中午到学校里看一眼小L在不在，晚上接回家，娘俩儿一起吃个晚饭。之后，妈妈再去公司加个班。

听到这儿，我舒了口气，替小L高兴。

“陪你的时间多多了，那你是不是开心一些了?”

“变好了，和其他同学一样，按时上下学，按时写作业。”

“你说变好了，其实你是知道一个好孩子的标准的，是不是?”

“嗯。”

“那为什么不按照一个好孩子的标准去做呢?”

“我做不到。”

“为什么做不到?”

“我也不知道。反正那个时候的环境让我觉得很烦，不想那么做，我想干吗就干吗。”

“你在烦什么呢?”

“我每天都很孤独啊，没人陪我，然后有的时候看到人家一家在一起蛮开心的。我再一看，我一个人，或者和我妈妈两个人，我就觉得很难过。”

“为什么不主动去和别人交往呢?”

“我觉得人与人之间相处，很复杂，很烦，我不想去跟人家相处。”

“妈妈像这样天天接送你陪你坚持了多久？”

“好几个月。”

“后来呢？”

“我又逃学了。”

“又逃学了？为什么？”

“不想在学校里面。”

“是因为讨厌学校？”

“因为没有朋友。”

小L讲述她的故事的时候，从表情上看不出任何喜怒哀乐，似乎她在讲别人的事情，与她无关。可是，我的心被她的逃学、被她的孤独、被她的无助、被她这个有妈妈爸爸的“孤儿”刺痛了。

痛到一定程度才会没有感觉，恨到一定程度才会心死如灰。小L出奇平静，该是经历了如何的痛彻心扉，如何的恨意绵绵。

## 【03】妈妈，我是一个怎样的孩子?

和小L交流过程中，听到最多的字，除了“烦”，就是“逃”。

“印象最深的一次出逃经历，还记得吗？”

“14岁的大年初三，我要出去玩，妈妈不肯，说你要走的话，就把钥匙留下来，不要再回来。然后我就把钥匙放在饭桌上，冲出去了。我妈妈就跟在我后面跑，跑到大马路上，她心脏病犯了，看到她犯病，我没有再跑，我扶着她，等她好了一点儿，就跟她回去了。妈妈哭了好一会儿，想了好一会儿，写了一封协议书，让我签字。”

“什么内容的协议书呢？”

“脱离母女关系的协议书。”

“当时你怎么想呢?”

“签就签呗。”

“签完之后呢?”

“我就出去了，没有回家，妈妈也没有再追出来。”

“大过年的，就这样深更半夜在外面转?”

“然后爸爸出来找我，把我找到了，要我回家。”

“回哪边的家?爸爸家?还是妈妈家?”

“爸爸让我回妈妈家。”

看到小L再次出门，妈妈躺在床上心力交瘁。无奈之下，打了个电话给小L爸爸，让他无论如何要找到孩子。

爸爸在一家网吧找到了小L，小L不愿在网吧吵架，再次夺门而出，把爸爸丢进了寒风中，不知去往何方。

虽说现在有了两个家，爸爸家、妈妈家，但自己仍然没有家，无论去哪个家，都是一个尴尬。

就这样，爸爸一直跟在小L身后，已经后半夜了，鞭炮声渐渐稀落，爸爸叫住小L，力劝她回到妈妈身边。

“我爸爸跟在我身后一直转来转去，转了好长一段时间，他跟我讲，你还是回去吧，你妈妈一个人在家，躺在床上。我想了一想，好像看见了妈妈躺在床上犯病的样子，我就回家了。看到妈妈躺在床上，两个眼睛哭肿了，我也哭了，这个14岁的春节，我就再也没有出去过。”

小L说，按照好孩子的标准，她又坚持了两个月。

“那后来怎么又坚持不下去了呢?”

“妈妈太忙了，我特别不喜欢她那么忙。”

“妈妈忙的时候，会怎么安置你呢?”

“我就跟着她，住在她公司的办公室里面。妈妈公司晚上要加班，她要到公司里去转转看看，好多事情都要她处理。妈妈的办公室里面，有现成的折叠式的沙发，还有现成的床上用品。”

“你喜欢住在妈妈的公司里吗？”

“不喜欢。”

“那怎么办呢？”

“我住到我好朋友家去。”

据小L介绍，那是一个和她一样喜欢到处玩的女孩，小L和她虽然没有太多的心里话讲，但在一起算有个玩伴。女孩是个富二代，有一个完整的家，在小L看来，女孩的未来基本不愁。

“在这个好朋友的家里，你能体会到家的感觉吗？”

“我是一个旁观者！”

“在你的心目中，家应该是一个什么样子的？”

“和和睦睦，爸爸妈妈都对我好一点儿，能够理解我一点儿，不要天天吵架。”

其实，小L心目中对家的概念，看起来多么简单：一个完整的家，大家和睦相处，不吵架。但这个概念，对小L而言，只是电视剧里的剧情罢了。

“妈妈平时会过问你的学习吗？”

“经常会问我，哪一科成绩好一点儿，哪一科成绩不好。”

“如果你考得好她会怎么样？”

“问我喜欢什么，买东西给我、表扬我，或者请我吃饭。”

“那如果考得不好呢？”

“考得不好就撕考卷。”

“你对妈妈是一种什么样的感情呢？”

“既喜欢妈妈又恨妈妈。”

“喜欢她什么呢？”

“她很要强，做什么事情都很好，都很成功。”

“恨她什么呢?”

“恨她没有时间陪我，每天都那么忙，每次都陪我陪到一半就走掉了。”

“当时你的这些想法有没有跟妈妈说?”

“没有。”

“为什么不告诉她?”

“我觉得没有必要讲。”

“你希望自己是什么样子的?”

“我希望自己很优秀。”

“在你的眼里，优秀是一个什么样的标准呢?”

“做每一件事情都很成功、很幸福、很快乐。”

“成功的标准又是什么呢?”

“什么都做得比别人好。”

采访结束时，我夸小L的声音很好听，并猜想她唱歌也一定很好听。这个时候，我看见了小L小女生娇羞的模样，和校园里穿着花裙子的15岁少女们一样。她笑了，脸上洋溢着幸福的感觉，两只大眼睛再次有了光芒。

她说，之前也有人说她声音好听，可惜，她的声音是用来吵架的。直到进来以后，管教所里的活动很多，教官也经常鼓励她唱歌，她越唱越有了自信。我和她约定：“下次录制节目的时候，选一首歌唱给妈妈听，让妈妈知道也听到你的声音是多么动听和美妙。”

估计在我的夸奖下，小L放松了，采访结束时，她让我帮个忙，帮忙去问妈妈一个问题：“我在妈妈心目中，是一个怎样的孩子?”我的心又是一阵刺痛。

我不知道，这个问题在小L心中已经纠缠了多久，就是没有问出口。我和小L拉了钩，约定下次见面时，一定告诉她，来自妈妈的答案。

## 【04】“懂”，是人间最温暖的字眼

回到南京，我立即电话采访小L妈妈。在电话里，我和小L妈妈聊了很多、很久……

“小L小时候是什么样子的？”

她小时候又活泼又聪明，胆子大着呢，但是你一吓她，她就听话了，因为那个时候还很小。小学的时候她的学习成绩一般都在中等偏上，和她一起玩的同学都是班长啊、学习委员啊，她自己也想当班干部，就问“妈妈，他们为什么不选我当班干部？”我说你那个学习成绩还没人家好。她不定心嘛，一下课就想着要玩，她小时候就好动。

“印象中，小L小时候有没有让你感动的事情？”

印象最深的就是她10岁的时候，我心动过速，家里面没人，她爸爸不在家。我家邻居一看我好像撑不下去了，急得要死，赶紧找了辆脚踏三轮车，把我抬上去。那个时候从我家里到大马路上，还有一个小巷子要出去，然后两个邻居，一个踏车，一个在车上扶着我，拼命地往大路上赶。我女儿那个时候好像绝望了，因为她爸爸又不在家，她就等于是绝望了，我犯病的时候样子像死人一样的。她看着我那个样子急得拼命跟在三轮车后面跑，一边跑一边叫，绝望的那种叫喊，撕心裂肺，那种哭声喊声，我从来没有听到过的，我听得见，但是我动不了，我只能掉眼泪啊……

“小L小时候是活泼开朗也好动，非常聪明的一个孩子，可是后来怎么又变了一个人？变得这么内向？”

因为我身体不太好，一天从早到晚地忙，坐下来吃饭就是我的休息时间。她跟我讲什么事情，或者是有什么要求啊，我都是不作声，满脑子都是工作上的事情，除非她跟我讲“我需要买什么、我想吃什么，或者我的成绩不好了”，那我就会重视一点。像其他的心情不好了，跟同学吵架了，我认为这个都是小事情。

偶尔，我们两个人也有空在外面吃饭啊逛街啊，有的时候她也喜欢讲学校里的事情，她那时候喜欢拉着我的手。但是当她拉着我的手的时候，我会有一种想法，好像女儿又要撒娇了，又想买什么东西啦，从没想到她内心有什么话要讲。有时候，她会对我抱怨，抱怨我不陪她不理她，而我的感觉是“你太挑剔了！我这么忙！你还要烦我！”我也有逆反心理。

我们这个家庭不和睦，孩子可能有什么想法，我都没有意识到。时间长了，她就不愿意讲了，养成一个习惯了。

“还记得那张‘脱离母女关系’的协议书吗？你当时怎么会这么狠心？”

当时是有原因的。好多道理都跟她讲过了，跟她讲的时候她都懂，我的自尊心很强的，很要面子的。有一个阶段，我每天早上6点多钟就起来送她，然后晚上再去接她，都做到这样了她还不好好念书，有她这样的女儿，我自己都没有办法活下去了，我要被气死了。我当时就说：“你不要认我这个做妈妈了，我也不认你做女儿了，你要再走，我们两个人就断绝关系。”这样逼她其实我心里面也苦的，我以为我这样子可以把女儿吓住，就这么一次，其实没有什么用，因为她爸爸那个时候也不管她。

“小L在学校的表现，老师有和你沟通过吗？或者你和老师有过交流吗?”

我记得小L小学的时候，老师经常表扬她，她的学习成绩也比较好。到了初中以后刚开学一个月不到，老师打来一个电话，叫我到学校附近的一个医院去，说孩子在医院里急诊。我赶过去一看，孩子在挂吊瓶，我一进去，班主任就讲:“以后你孩子生病，就在家歇歇，我没有空陪着你们到医院来。”我当时听了这话，心里很不是滋味。孩子生病，大人有时候确实不知道。老师说完这话就走了，我都没来得及问小L为什么会突然间昏倒在操场上，当时是怎样的情况，哪怕老师临走的时候再给我一个建议，比如多关注孩子的身体，等等，什么都没有，只有那句冷冰冰的一句话“我没空陪着你们到医院来!”

从那以后我对这位班主任有了看法，跟老师的沟通少了。久而久之，老师对我也有看法，孩子有什么不好表现，包括之后的逃学，班主任直接打我电话，或者教导处直接叫我去一趟学校，我和孩子站在办公室，被老师们七嘴八舌地像训学生一样地教训着。我是个很要面子的人，当着老师的面，我尽量忍着，什么都不说，我也怕我忍不住会和老师吵起来，所以也尽量不去主动找老师沟通小L的事情。可能老师觉得我对孩子不闻不问，都推给学校了，老师也有怨气，就朝孩子发火，上下课点名批评，一点不留情面，小L在学校受了委屈回来也不说，或者想和我说，但我没有理她。如果是我，我也不愿意去学校啊，现在想想，能够理解女儿为什么要打架，为什么要逃学了，但是待在家里吧，我又会过问，不分青红皂白地要把她往学校里推。到最后她只有到处乱跑，我不知道我这些话该不该讲，但是不讲的话，我憋在心里难受。

“小L说你很要强，很独立，她认为你是一个成功的女人，你从小就这么独立要强吗?”

对。我这个人该做什么不该做什么，都是自己拿主意的，我自己会分好坏。

我是外婆带大的。我爸爸在大西北当兵，而我的家在常州，爸爸每年只回来一次，妈妈带着我们姐弟三个孩子，很辛苦，就把我放在乡下外婆那里。外婆经常去地里干活，就把我一个人放在家里，我一直就是这样过来的，从没有期待过父母亲怎么样来呵护我，怎样来关心我，我一样长大了。父母亲对我好与不好，我想得很少，我只顾着我自己要把事情做好。当我做了母亲，我就希望孩子不用我经常喋喋不休地唠叨一些简单的道理，你自己把书念好。我得到的家庭关爱比较少，我自己好像习以为常了，我的女儿是不是很在意这些我从没考虑过。

“小L在你的心目中是一个什么样的孩子？这是她最想知道的一个问题。”

她是一个善良的好孩子！她的善良一直都在。现在孩子的过错，有一部分是我造成的，但是她来到管教所，没有自暴自弃，反而各方面都很努力，让我看见了一个全新的孩子，让我看到了我们家的希望所在。我认为她还是好孩子，虽然犯了错，但知道错能够改，就是好孩子。

“其实我还特别想代小L问妈妈一句，女儿在你的心目中到底占有多重要的分量？”

这个话是第一次有人这么问我，以前从来没有人问过我。

我自己的身体不好，孩子从生下来到现在，都是我一直带着，从来没有放弃过。实际上从我下岗到开公司，都是为了她，她是我如此拼命工作的动力所在。

一方面我在为我们母女的未来打拼，一方面却忽略了当下孩子的内心需要，回过头来才发现，孩子“丢了”，什么都不愿意和我说，和我越来越远了。所以我现在可以放慢我努力的速度，我要等她，还有33天她就可以回家了，她将来怎么去面对亲朋好友，怎么去接触社会，我都有替她考虑到了，我会等她回家，好好陪她。在公司和女儿之间，女儿无可替代。

节目录制那天，小L唱了一首妈妈最喜欢的歌：

如梦如烟的往事，洋溢着欢笑，
那门前美丽的蝴蝶花，依然一样盛开。
如梦如烟的往事，散发着芬芳，
那门前可爱的小河流，依然轻唱老歌。
小河流我愿待在你身旁，
听你唱永恒的歌声，
让我在回忆中寻找往日，
那戴着蝴蝶花的小女孩……

一首歌，如果有人懂，便是温暖；一句话，如若有人懂，便是幸福。懂，是这世间多么温情的字眼。

看到母女现场相拥的场景，我在一旁不禁潸然泪下。

时隔12年之后，当我再次回忆起当年的场景，写下以上这段采访手记时，仍然心痛不已，泪流满面。

那戴着蝴蝶花的小女孩，本就应该是会哭会笑会阳光会爱也被爱的小天使，她却身处一个无处诉说、无法表达的家庭环境里。父母的分离、妈妈的忙碌忽略了小L的存在。

久而久之，小L把所有的情绪都化作一个字“烦”。

久而久之，所有的“烦”也貌似化为乌有，“说出来了没用……算了……不说了……”

久而久之，小L不知担心为何物，不知不安为何物，不知害怕为何物，不知开心为何物，情感剥离，冷静自持，冷暖自知，只长脑子不长心。

就这样，从小“理性”长大的小L，有的时候莫名地郁闷，莫名地不“嗨皮”，莫名地想找点茬儿，莫名地想刷存在感，甚至于不会爱别人，不会爱自己。

一个小天使，失去了父母的庇护，失去了师长的引导，改变了飞翔的轨迹，失去了成长的目标……

好在妈妈幡然醒悟，把小L接回家后，温暖陪伴，弥补遗憾。同时也遍邀亲朋好友上门做客，和小L以诚相待。

至今，我和小L仍是好友。在朋友圈里，我看着她的各种晒；看着她一天一天长大；看着她已经接过妈妈的权杖，掌管着一家公司；甚至看着她和妈妈越穿着靓丽在海外旅游的身影……

# 用心，才能看见
## （代后记）

江苏教育频道《成长》栏目主持人　徐　平

江苏教育频道，800平方米的大演播厅，300名员工参加的年终总结大会。席间，有一项议程是，5位优秀员工代表发言，我以为自己只需作听众。然而，蓦地，副总监刘正海先生说："下面我们请徐平同志讲话。"那一刻，我惊呆了。我的座位离发言席只有几十步的路程，时间只够我想两句话。第一句：就当这是对我20年主持从业能力的一个考验吧。第二句：接下来，我将说的主题，是"成长"。

第一次体会到心提到嗓子眼儿还要说话的滋味。

一边想一边说，没有重复，没有"断片儿"，我既表达了自己这些年的勤勉，也感谢了历任领导和平台给予我的机遇。毫无准备，所有的语言都只能调动潜意识。

刚一入座，我就收到总监陈林康先生短信：主持人的功底就是不一样，你说得很好。紧接着，陆陆续续收到不少同事的信息……

分享我人生中这一"突发事件"，不为炫耀，而是深切体会到：你平时所有的努力都不会白费，它们都是你生命的滋养。而我的职业生涯，有一半是和《成长》紧密相连的，它给我打下了最厚实的底色：

受访者既有高官也有平民甚至社会“底层”人士，在跟他们打交道的过程中，“平等”成为融入我血脉的基石；

那些遭遇惨淡的受访者，让我同悲同喜，感受到生命的无常，也把“悲悯”刻在了心上；

专访不同领域的卓越者，让我敬佩他们不做到极致不罢休的执着之外，也像土壤吸收养分一样，渴望汲取他们思想的精髓；

那些糟糕的亲子互动，那些本可以避免却因沟通不畅造成的恶果，让我始终保持警醒，常常反躬自问。

……

如今的《成长》，聚焦在未成年人心理健康教育领域；您面前的这本书，是写给青春期孩子及父母的。

作为一个13岁男孩儿的母亲，我迫不及待地向栏目制片人陈琼要来了马勇老师的所有书稿文档。心里的一些疑惑，急于从书中寻找答案。读的过程，心绪跌宕起伏。时而会心，时而汗颜；时而震动，时而沉思。我原来，也在不经意间做了太多的错事。

就在今天早晨，孩子跟我说：“妈妈，你知道我为什么害怕月考吗？”我不假思索地回：“你每天作业不好好做，上课走神，当然害怕月考。”孩子转过身去，嘀咕了一句：我不想再跟你说话了。那一刻，我知道我做了一件多么愚蠢的事情。当孩子的情绪没有在第一时间被你理解、接纳，而是回馈以指责、抱怨，孩子唯一能做的，就是对你紧闭上心门。原本，他是想向你敞开的啊。你看，尽管我也算浸淫在教育领域20年，自认为是一个在不断学习、不断成长中的个体，但是，当我作为一个青春期孩子的母亲，仍然会在有意无意间伤害孩子。

所以，我们要读一读这本书。

所以，我们在懂得了一大堆为人父母的道理之后，更重要的，是践行。

风靡全球的《小王子》里有一句话："只有用心灵才能看得清事物本质，真正重要的东西是肉眼无法看见的。"对待孩子，不也同样？用心，才能看见孩子真正需求的是什么，才知道我们该给予孩子怎样的爱，才明白，我们该如何与孩子相处。

路，还很长。我们一直都在路上。